Zhongguo Tese Qiye Xinxing Xuetuzhi Peixun Jiaocai

中国特色企业新型学徒制培训教材

机械基础

（机械类）

人力资源社会保障部教材办公室　组织编写

本书编审人员

主　编： 王希波

副主编： 王　雪

参　编： 李善玲　王荣圣　吴致远

主　审： 高立瑞

中国劳动社会保障出版社

简介

本书是中国特色企业新型学徒制培训教材机械类专业基础课程教材中的一种，主要内容包括常用金属材料与热处理、机械传动、常用机构、常用零部件及机械润滑、气压传动与液压传动、机械基础实训。

本书适用于各类企业与职业院校、职业培训机构、企业培训中心等教育培训机构开展中国特色企业新型学徒制培训，也适用于企业岗位技能培训和就业技能培训。

图书在版编目（CIP）数据

机械基础：机械类 / 人力资源社会保障部教材办公室组织编写. -- 北京：中国劳动社会保障出版社，2022

中国特色企业新型学徒制培训教材

ISBN 978-7-5167-5396-5

Ⅰ. ①机… Ⅱ. ①人… Ⅲ. ①机械学－教材 Ⅳ. ①TH11

中国版本图书馆 CIP 数据核字（2022）第 092708 号

中国劳动社会保障出版社出版发行

（北京市惠新东街 1 号 邮政编码：100029）

*

北京市白帆印务有限公司印刷装订 新华书店经销

787 毫米 ×1092 毫米 16 开本 10.5 印张 210 千字

2022 年 11 月第 1 版 2024 年 6 月第 2 次印刷

定价：32.00 元

营销中心电话：400-606-6496

出版社网址：http://www.class.com.cn

前　　言

为贯彻《关于加强新时代高技能人才队伍建设的意见》文件精神，落实《关于全面推行中国特色企业新型学徒制　加强技能人才培养的指导意见》（人社部发〔2021〕39号）有关要求，适应规范化、标准化、制度化开展企业新型学徒制培训对教材的需求，建立完善适应新时代企业新型学徒制培训需求的高质量教学资源体系，人力资源社会保障部教材办公室组织有关行业、企业、院校和培训机构的专家编写了中国特色企业新型学徒制培训教材。

中国特色企业新型学徒制培训教材依据国家职业技能标准、职业培训课程规范等进行开发。以培养劳模精神、劳动精神、工匠精神为引领，主动对接学徒生产实际，强化职业道德、职业素养及职业能力培养，积极适应产业变革、技术变革、组织变革和企业技术创新等需求。以工作过程、学习行动、问题解决为导向，有机融合理论培训与实践培训内容，贴近学徒实际水平、贴近企业实际需要、贴近岗位工作现场。

中国特色企业新型学徒制培训教材包括通用素质课程教材和专业基础课程教材两类。其中，通用素质课程教材注重对学徒综合素质和可迁移技能的培养，促进其具备良好职业道德、职业素养及职业能力，能够安全胜任岗位工作；专业基础课程教材注重对学徒专业基础知识和基本技能的培养，促进其适应有关职业（工种）技能的学习。

首批开发的中国特色企业新型学徒制培训教材依据通用素质课程培训大纲、机械类专业基础课程培训大纲、电工电子类专业基础课程培训大纲、汽车类专业基础课程培训大纲编写，具体包括《劳模精神　劳动精神　工匠精神》等9种通用素质课程教材，以及机械类、电工电子类、汽车类等专业大类的10种专业基础课程教材。

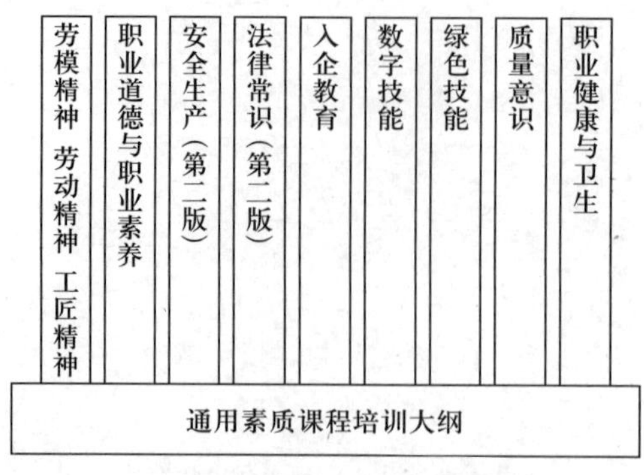

通用素质课程教材体系

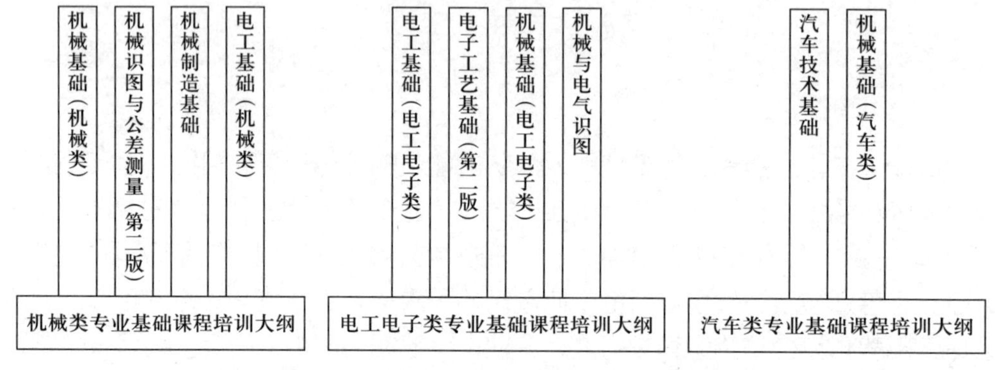

专业基础课程教材体系

本教材是开展中国特色企业新型学徒制培训的重要教学资源。主体读者对象为参加企业新型学徒制机械类职业培训人员，也适用于相关职业技能培训人员。

本教材由王希波担任主编并负责全书统稿，由王雪担任副主编，李善玲、王荣圣、吴致远参加编写，由高立瑞担任主审。其中，第 1 章由李善玲编写，第 2 章由王荣圣编写，第 3 章由吴致远编写，第 4、5 章由王雪编写，第 6 章由王希波编写。本教材在开发过程中得到了北京、内蒙古、辽宁、浙江、山东、河南、广东、重庆、陕西等地人力资源社会保障厅（局）及相关学校、企业、培训机构的大力支持与协助，在此一并表示衷心的感谢。欢迎读者对完善本教材提出宝贵意见。

人力资源社会保障部教材办公室

目录

第1章 常用金属材料与热处理

学习目标

1. 了解金属材料的分类与力学性能。
2. 了解非合金钢、低合金钢、合金钢和铸铁的分类，掌握其常用牌号、性能及用途。
3. 了解铜及铜合金、铝及铝合金的主要分类，掌握其主要牌号、性能及用途。
4. 了解滑动轴承合金、钛及钛合金、硬质合金的主要牌号、性能及用途。
5. 了解钢的热处理方法及工艺过程，掌握其特点及应用。

第1节　金属材料的分类与力学性能

一、金属材料的分类

金属材料是指以金属（包括合金与纯金属）为基础的材料，可分为黑色金属和有色金属两大类。在黑色金属中，锰、铬等通常作为合金元素存在于铁碳合金中，很少单独作为金属材料使用，所以黑色金属通常指铁碳合金。金属材料具有良好的延展性、导电性和导热性。常用金属材料的分类如图1–1所示。

二、金属材料的力学性能

金属材料的力学性能是指金属材料抵抗外力与变形所呈现的性能。常用的力学性能指标主要有强度、塑性、硬度、冲击韧性、疲劳强度等。

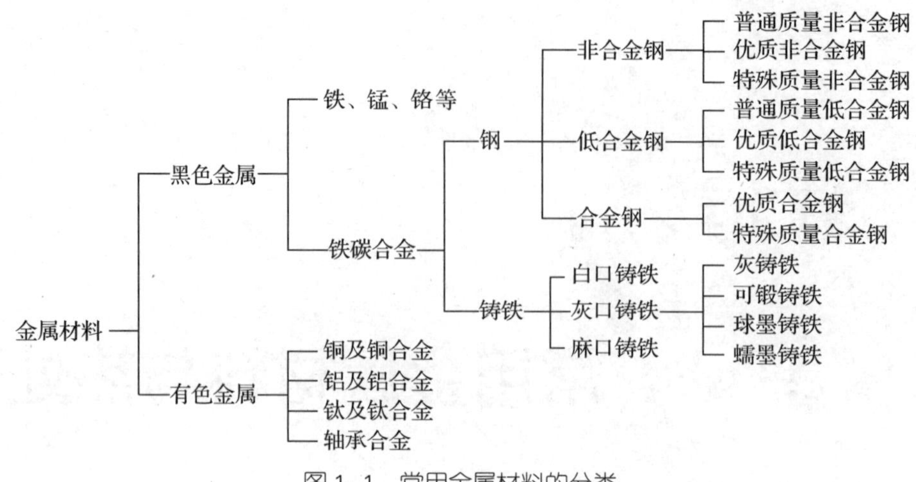

图 1–1　常用金属材料的分类

1. 强度

金属材料在静载荷作用下，抵抗塑性变形或断裂的能力称为强度。强度的大小用应力（单位面积上的内力称为应力，单位为 MPa）表示。金属材料的强度越高，所能承受的载荷就越大。其衡量指标为屈服强度和抗拉强度，通常采用拉伸试验来测定。

（1）拉伸试验

进行拉伸试验时，将标准的拉伸试样夹在拉伸试验机上（见图 1–2），缓慢加载。随着载荷的不断增加，试样的伸长量也不断增加，直至试样被拉断为止。

图 1–2　拉伸试验机

以加载在试样上的载荷 F 为纵坐标，以试样相应的伸长量 ΔL 为横坐标，依据拉力 F 与伸长量 ΔL 之间的关系在直角坐标系中绘出的曲线，称为力—伸长曲线。如图 1–3 所示为退火低碳钢的力—伸长曲线，拉伸过程分为弹性变形阶段、屈服阶段、强化阶段和缩颈阶段。

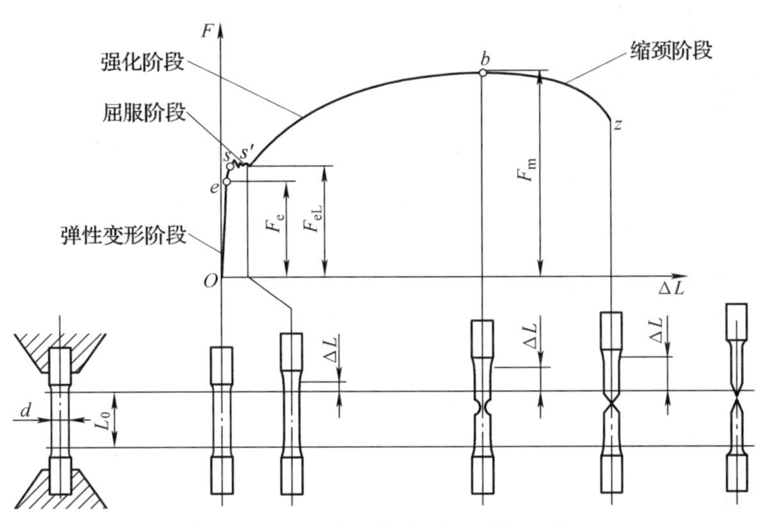

图 1–3 退火低碳钢的力—伸长曲线

1）弹性变形阶段（Oe）

F_e 为发生最大弹性变形时的载荷。外力一旦撤去，则变形完全消失。

2）屈服阶段（ss'）

外力大于 F_e 后，试样发生塑性变形；当外力增加到 F_{eL} 后，图线为锯齿状，这种拉伸力不增加变形却继续增加的现象称为屈服，F_{eL} 为屈服载荷。

3）强化阶段（$s'b$）

外力大于 F_{eL} 后，试样再继续伸长则必须不断增加拉伸力。随着变形增大，变形抗力也逐渐增大，这种现象称为形变强化或加工硬化。F_m 为试样在屈服阶段后所能抵抗的最大拉伸力。

4）缩颈阶段（bz）

当外力达到最大拉伸力 F_m 后，试样的某一直径处发生局部收缩，称为“缩颈”。此时截面缩小，变形继续在此截面发生，所需外力也随之逐渐降低，直至断裂。

（2）屈服强度和抗拉强度

1）屈服强度（R_{eL}）

屈服强度是当金属材料呈现屈服现象时，材料试样发生塑性变形而力不增加的应力点。

$$R_{eL}=\frac{F_{eL}}{S_0}$$

式中 R_{eL}——屈服强度，MPa；

F_{eL}——试样屈服时的最小载荷，N；

S_0——试样原始横截面面积，mm^2。

除低碳钢、中碳钢及少数合金钢有屈服现象外，其他大多数金属材料没有明显的屈服现象。因此，规定用产生 0.2% 残余伸长时的应力作为这些材料屈服强度，称为条件屈服强度（$R_{P0.2}$）。

2）抗拉强度（R_m）

材料试样在断裂前所能承受的最大应力称为抗拉强度。

$$R_m = \frac{F_m}{S_0}$$

式中 R_m——抗拉强度，MPa；

F_m——试样在屈服阶段后所能抵抗的最大拉伸力（无明显屈服现象的材料为试验期间的最大拉伸力），N；

S_0——试样原始横截面面积，mm^2。

材料的 R_{eL}、R_m 可在材料手册中查得。一般机件都是在弹性状态下工作，不允许有塑性变形，更不允许工作应力大于 R_m。

2. 塑性

金属材料断裂前产生永久变形的能力称为塑性，其衡量指标为断后伸长率 A 和断面收缩率 Z。塑性指标也是由拉伸试验测定的。

（1）断后伸长率（A）

材料试样拉断后，标距的伸长量与原始标距的百分比称为断后伸长率，用符号 A 表示。其计算方法如下：

$$A = \frac{L_u - L_0}{L_0} \times 100\%$$

式中 A——断后伸长率，%；

L_u——试样拉断后紧密对接的标距，mm；

L_0——试样的原始标距，即室温下施力前的试样标距，mm。

（2）断面收缩率（Z）

材料试样拉断后，缩颈处横截面面积变化量与原始横截面面积的百分比称为断面收缩率，用符号 Z 表示。其计算方法如下：

$$Z = \frac{S_0 - S_u}{S_0} \times 100\%$$

式中 Z——断面收缩率，%；

S_0——试样原始的横截面面积，mm^2；

S_u——试样拉断后缩颈处的横截面面积，mm^2。

材料的断面收缩率和断后伸长率值越大，说明材料的塑性越好，易于通过塑性变形加工形状复杂的零件，如可以拉制细丝、轧制薄板等。使用时不会发生突然断裂，安全性较高。

3. 硬度

材料抵抗变形，特别是压痕或划痕形成的永久变形的能力称为硬度。与其他力学性能相比，硬度试验简单易行，因此在工业生产中被广泛应用。通常，硬度是通过在专用的硬度试验机上试验测得的。常用的硬度试验方法有布氏硬度（HBW）试验和洛氏硬度（HR）试验等，测得的硬度值分别称为布氏硬度和洛氏硬度。

（1）布氏硬度

布氏硬度的测量是使用一定直径的硬质合金球体，以规定试验载荷压入试样表面，并保持规定时间后卸除载荷，用专用的读数显微镜测出压痕直径，再从压痕直径与布氏硬度对照表中查出相应的布氏硬度值。

布氏硬度值是球冠压痕单位面积上所承受的平均压力，用 HBW 表示，单位为 MPa。例如，“170HBW”表示布氏硬度值为 170 MPa。

（2）洛氏硬度

洛氏硬度是通过测量压痕深度来确定硬度值的，无单位。当采用不同的压头和不同的总试验力时，可组成几种不同的洛氏硬度标尺。常用的洛氏硬度标尺有 A、B、C 三种，其中 C 标尺应用最广，常用来测定淬火钢等较硬材料的硬度。

洛氏硬度用 HR 表示，符号 HR 前面的数字表示硬度值，HR 后面的字母表示不同的洛氏硬度标尺。例如，“45HRC”表示用 C 标尺测定的洛氏硬度值为 45。

4. 冲击韧性

许多机械零件在工作中往往要受到冲击载荷的作用，如活塞销、锻锤杆、冲模、锻模等。制造此类零件所用材料必须考虑其抗冲击载荷的能力。金属材料抵抗冲击载荷作用而不破坏的能力称为冲击韧性。材料的冲击韧性用夏比摆锤冲击试验来测定。

金属材料的冲击韧性随温度的降低而下降，有些金属材料，如工程上用的中低强度钢，当温度降低到某一程度时，会出现冲击韧性明显下降的现象，这种现象称为冷脆现象。

5. 疲劳强度

弹簧、曲轴、齿轮等机械零件在工作过程中所承受的载荷主要为交变载荷（大小、方向随时间做周期性变化），零件承受的应力虽低于材料的屈服强度，但经过长时间的工作后，仍会产生裂纹或突然发生断裂，金属的这种断裂现象称为疲劳断裂。金属材料抵抗交变载荷作用而不产生破坏的能力称为疲劳强度。

第2节 铁碳合金

合金是以一种金属为基础，加入其他金属或非金属，经过熔合而获得的具有金属特性的材料，即合金是由两种或两种以上的金属元素或金属与非金属元素所组成的金属材料。铁碳合金是现代工业中应用最为广泛的金属材料，它们均是以铁和碳为基本组元的合金，又称为钢铁材料。

按含碳量的不同，铁碳合金可分为工业纯铁、钢和铸铁。其中，把含碳量小于 0.021 8% 的铁碳合金称为工业纯铁，把含碳量为 0.021 8% ~ 2.11% 的铁碳合金称为钢，把含碳量大于 2.11% 的铁碳合金称为铸铁。

按化学成分不同，钢可分为非合金钢、低合金钢和合金钢。

一、非合金钢

1. 非合金钢的分类

非合金钢即碳素钢，是最基本的铁碳合金，它是指冶炼时没有特意加入合金元素，且含碳量为 0.021 8% ~ 2.11% 的铁碳合金。非合金钢的分类见表 1–1。

表 1–1　非合金钢的分类

分类方法	种类	备注
按含碳量分	低碳钢	含碳量 <0.25%
	中碳钢	含碳量为 0.25% ~ 0.60%
	高碳钢	含碳量 >0.60%
按主要质量等级分	普通质量非合金钢	在生产过程中不规定需要特别控制质量要求的钢
	优质非合金钢	在生产过程中需要严格控制质量（如降低硫、磷含量，改善表面质量等），以达到比普通质量非合金钢特殊的质量要求（如良好的抗脆断性能、良好的冷成型性等），但这种钢的生产控制不如特殊质量非合金钢严格（如不控制淬透性）
	特殊质量非合金钢	在生产过程中需要严格控制质量和性能（如控制淬透性和纯洁度等）
按用途分	碳素结构钢	主要用于制造各种机械零件和工程结构件，含碳量一般小于 0.7%
	碳素工具钢	主要用于制造各种刀具、量具和模具，含碳量一般大于 0.7%
按冶炼时脱氧程度的不同分	沸腾钢	脱氧程度不完全的钢
	镇静钢	脱氧程度完全的钢
	半镇静钢	脱氧程度介于沸腾钢和镇静钢之间的钢
	特殊镇静钢	比镇静钢脱氧程度更充分彻底的钢

2. 常用非合金钢的牌号、性能和应用

常用非合金钢的牌号采用国际通用的化学元素符号、汉语拼音字母和阿拉伯数字相结合的方法来表示。

（1）碳素结构钢

碳素结构钢是工程中应用最多的钢种，其牌号由以下四部分组成。

1）代表屈服强度的拼音字母 Q+ 屈服强度值（单位 MPa）。

2）（必要时）质量等级符号：A、B、C、D 级，从 A 到 D 依次提高。

3）（必要时）脱氧方法符号：F—沸腾钢、b—半镇静钢、Z—镇静钢、TZ—特殊镇静钢，Z 与 TZ 符号在钢号组成表示方法中可以省略。

例如，Q235AF 表示屈服强度为 235 MPa 的 A 级沸腾钢，如图 1–4 所示。

常用碳素结构钢的牌号共有 4 种，分别是 Q195、Q215、Q235 和 Q275，其牌号、等级、主要特性及用途见表 1–2。

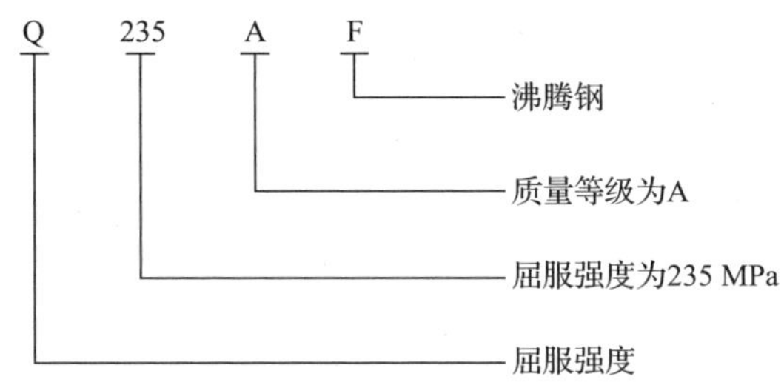

图 1–4　碳素结构钢牌号标记示例

表 1–2　常用碳素结构钢的牌号、等级、主要特性及用途

<table>
<tr><th>牌号</th><th>等级</th><th>主要特性</th><th>用途</th></tr>
<tr><td>Q195</td><td>—</td><td rowspan="3">具有较好的塑性、韧性、焊接性和压力加工性能，但强度较低</td><td>适用于制作载荷小的零件、铁丝、垫铁、垫圈、开口销、拉杆、冲压件及焊接件</td></tr>
<tr><td rowspan="2">Q215</td><td>A</td><td rowspan="2">适用于制作拉杆、垫圈、套圈、渗碳零件及焊接件</td></tr>
<tr><td>B</td></tr>
<tr><td rowspan="4">Q235</td><td>A</td><td rowspan="4">具有一定的强度，良好的塑性、韧性、焊接性和冷冲压性能，以及一定的强度和好的冷弯性能</td><td rowspan="4">适用于制作金属结构件，心部要求不高的渗碳或碳氮共渗零件，拉杆、连杆、吊钩、车钩、螺栓、螺母、套筒、轴及焊接件，C、D 级用于重要的焊接结构</td></tr>
<tr><td>B</td></tr>
<tr><td>C</td></tr>
<tr><td>D</td></tr>
<tr><td rowspan="4">Q275</td><td>A</td><td rowspan="4">具有较高的强度、较好的塑性、可加工性和一定的焊接性能</td><td rowspan="2">适用于制作转轴、心轴、吊钩、拉杆、摇杆、楔等强度要求不高的零件，焊接性尚可</td></tr>
<tr><td>B</td></tr>
<tr><td>C</td><td rowspan="2">适用于制作轴、链轮、齿轮、吊钩等强度要求较高的零件</td></tr>
<tr><td>D</td></tr>
</table>

（2）优质碳素结构钢

优质碳素结构钢的牌号由两位数字组成，表示钢的平均含碳量的万分数。例如，45 表示平均含碳量为 0.45% 的优质碳素结构钢，08 表示平均含碳量为 0.08% 的优质碳素结构钢。

优质碳素结构钢根据钢中含锰量的不同，分为普通含锰量钢（W_{Mn}=0.35% ~ 0.80%）和较高含锰量钢（W_{Mn}=0.7% ~ 1.2%）两组。较高含锰量钢在牌号后面标出元素符号 Mn，如 50Mn。若为沸腾钢，则在牌号后面标注字母 F，如 08F。

优质碳素结构钢的种类很多，常用优质碳素结构钢的牌号、主要特性及用途见表 1–3。

表 1–3　常用优质碳素结构钢的牌号、主要特性及用途

牌号	主要特性	用途
08	强度、硬度低，塑性和韧性极好	适用于制作冲压件、压延件和心部强度要求不高的渗碳零件，如套筒、靠模、支架
35	具有一定的强度，良好的塑性和切削加工性，冷变形时的塑性高	适用于制作负载较大但截面尺寸较小的各种机械零件，如销、轴、曲轴、横梁、连杆、垫圈、圆盘、螺栓、螺钉、螺母等
45	具有一定的塑性和韧性，较高的强度，切削性能良好，采用调质处理可获得很好的综合力学性能	适用于制作较高强度的运动零件，如活塞、叶轮轴、连杆、蜗杆、齿条、齿轮、连接销等
60	具有相当高的强度、硬度和弹性，切削加工性稍差，冷变形塑性低，淬透性低	适用于制作耐磨、强度较高、受力较大、摩擦工作以及相当弹性的弹性零件，如直轴、曲轴、轧辊、离合器、钢丝绳、弹簧垫圈、弹簧圈、减振弹簧、凸轮等
45Mn	强度、韧性及淬透性均比 45 钢高，调质处理可获得较好的综合力学性能，切削加工性好	适用于制作承受较大负载及磨损工作条件的零件，如曲轴、花键轴、直轴、连杆、万向节轴、汽车半轴、啮合杆、齿轮、离合器盘、螺栓、螺母等
65Mn	具有高的强度和硬度，弹性良好，淬透性较好	适用于制作受摩擦、高弹性、高强度的机械零件，如机床主轴、机床丝杠、钢轨、板弹簧、螺旋弹簧、弹簧垫圈等

（3）碳素工具钢

碳素工具钢的牌号用汉字“碳”的汉语拼音的首字母“T”及后面的阿拉伯数字表示，其数字表示钢中平均含碳量的千分数。例如，T8 表示平均含碳量为 0.80% 的优质碳素工具钢。若为高级优质碳素工具钢，则需在牌号后面标注字母 A。例如，T12A 表示平均含碳量为 1.2% 的高级优质碳素工具钢，如图 1–5 所示。

常用碳素工具钢的牌号、主要特性和用途见表 1–4。

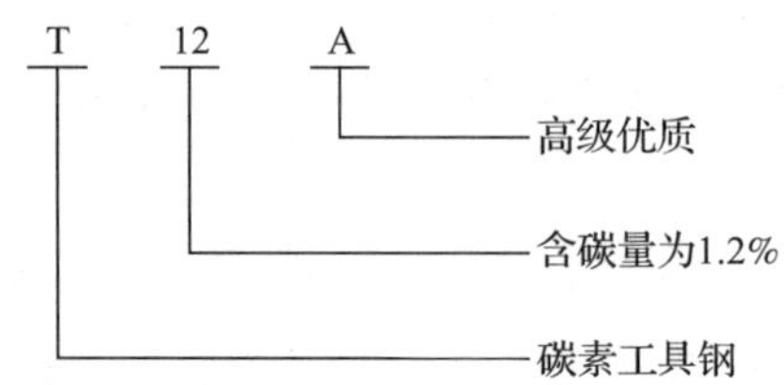

图 1–5　高级优质碳素工具钢牌号标记示例

表 1-4　常用碳素工具钢的牌号、主要特性和用途

牌号	主要特性	用途
T7	经热处理（淬火后回火）后，可得到较高的强度、韧性以及一定的硬度，但淬硬性低、淬透性差，淬火变形大	用于制作承受振动和冲击载荷、韧性要求较高、硬度中等且切削能力不高的工具，如压模、锻模、钳工工具、车床顶尖、钻头、弹簧、销轴、钳工锤头等
T8	经热处理（淬火后回火）后，可得到较高的硬度和良好的耐磨性，但强度和塑性不高，淬硬性低，受热后易变形，承受冲击载荷的能力低	用于制作切削刃口在工作中不变热的、硬度和耐磨性较高的工具，如软金属切削刀具、钳工装配工具、铆钉冲模、虎钳的钳口以及弹性垫圈、弹簧片等
T10	韧性较好，强度较高，耐磨性比 T8、T9 高，但淬透性不好、淬火变形较大	用于制作切削条件较差，耐磨性较高且不受强烈振动，要求韧性较高、刃口锋利的刀具，如钻头、丝锥、车刀、刨刀、扩孔刀具、螺纹板牙、铣刀。也可用于制作受冲击不大的耐磨零件，如小轴、低速传动轴瓦的滑动轴承、滑轮轴等
T12	具有高硬度和高的耐磨性，但韧性较低、淬透性不好、淬火变形大	用于制作冲击小、切削速度不高、高硬度的各种工具，如铣刀、车刀、钻头、铰刀、扩孔钻、丝锥、板牙、锉刀、锯片及高硬度但冲击小的机械零件

（4）铸造碳钢

铸造碳钢的含碳量一般为 0.20% ~ 0.60%，如果含碳量过高，则塑性变差，铸造时易产生裂纹。

铸造碳钢的牌号是用“铸钢”两汉字的汉语拼音的首字母“ZG”加两组数字组成的。第一组数字表示屈服强度，第二组数字表示抗拉强度，两组数字用“–”隔开。例如，ZG270–500 表示屈服强度不小于 270 MPa、抗拉强度不小于 500 MPa 的铸造碳钢。

常用铸造碳钢的牌号、主要特性和用途见表 1–5。

表 1-5　常用铸造碳钢的牌号、主要特性和用途

牌号	主要特性	用途
ZG230–450	具有较好的塑性、韧性，焊接性良好，切削性能尚可，但强度和硬度较低	适用于制作受力不大、要求具有一定韧性的零件，如砧座、轴承盖、机座、阀体、箱体等
ZG270–500	具有较高强度和较好塑性，铸造性能良好，焊接性尚可，切削性能良好	适用于制作机架、连杆、箱体、缸体、曲轴、轴承座等
ZG340–640	具有高的强度、硬度和耐磨性，铸造和焊接性差，裂纹敏感性较大	适用于制作起重运输机齿轮、轧辊、叉头、车轮、棘轮、联轴器等

二、低合金钢

低合金钢是指钢中合金元素含量一般不超过5%，屈服强度一般达到300 ~ 400 MPa或更高，并具有优良焊接性能的工程结构用钢。由于合金元素的强化作用，低合金钢比碳素结构钢（碳含量相同）的强度高得多，并且具有良好的塑性、韧性、耐腐蚀性和焊接性能，广泛用于制造工程构件。按主要性能和使用特点不同，低合金钢可分为低合金高强度结构钢、低合金耐候钢和低合金专用钢等。

低合金高强度结构钢是应用较为广泛的一种低合金钢，常加入的合金元素有锰（Mn）、硅（Si）、钛（Ti）、铌（Nb）、钒（V）等。其含碳量较低，一般为0.10% ~ 0.25%。

低合金高强度结构钢的牌号表示方法与碳素结构钢相同。常用低合金高强度结构钢的牌号、主要特性和用途见表1-6。

表1-6　常用低合金高强度结构钢的牌号、主要特性和用途

牌号	主要特性	用途
Q345	具有良好的综合力学性能，塑性和焊接性良好，冲击韧性较好	一般在热轧或正火状态下使用。适用于制作桥梁、船舶、车辆、管道、锅炉、各种容器、油罐、电站等承受载荷的结构以及低温压力容器等结构件
Q390	具有良好的综合力学性能，塑性和冲击韧性良好	一般在热轧状态下使用。适用于制作锅炉、中高压石油化工容器、桥梁、船舶、起重机、较高负荷的焊接件、连接构件等
Q420	具有良好的综合力学性能，优良的低温韧性，焊接性好，冷热加工性良好	一般在热轧或正火状态下使用。适用于制作高压容器、重型机械、桥梁、船舶、机车车辆、锅炉及其他大型焊接结构件
Q460		淬火、回火后用于大型工程结构及要求高强度、重负荷的轻型结构

三、合金钢

合金钢是指在碳素钢的基础上，为了改善钢的性能，在冶炼时有目的地加入一种或数种合金元素的钢。合金钢的合金元素的含量高于低合金钢，由于合金元素的加入，合金钢具有较好的力学性能、较好的淬透性和回火稳定性等，有的还具有耐热、耐酸、耐腐蚀等特殊性能，使其在机械制造中得到广泛应用。

1. 合金钢的分类

合金钢的分类方法很多，但最常见的是按用途划分或按质量等级划分，见表1-7。

表 1-7　合金钢的分类

分类依据	类别	应用
按用途划分	合金结构钢	用于制作机械零件和工程结构，可分为合金渗碳钢、合金调质钢、合金弹簧钢、滚动轴承钢等
	合金工具钢	用于制作各种工具，可分为合金刃具钢、合金模具钢和合金量具钢等
	特殊性能钢	具有某种特殊物理、化学性能，如不锈钢、耐热钢、耐磨钢等
按质量等级划分	优质合金钢	在生产过程中需要严格控制质量和性能，但其生产控制和质量要求不如特殊质量合金钢严格
	特殊质量合金钢	在生产过程中需要严格控制质量和性能

2. 合金钢的牌号

我国合金钢牌号采用含碳量、合金元素的种类及含量、质量级别来编号。

（1）合金结构钢的牌号

合金结构钢的牌号采用“两位数字（含碳量）+ 元素符号（或汉字）+ 数字”表示。前面两位数字表示钢的平均含碳量的万分数，元素符号（或汉字）表明钢中含有的主要合金元素，后面的数字表示该元素的含量。合金元素平均含量小于 1.5% 时不标明含量，平均含量为 1.5% ~ 2.5%、2.5% ~ 3.5%、…时，则相应地标以 2、3、…例如，40Cr 和 60Si2Mn 的含义如图 1-6 所示。

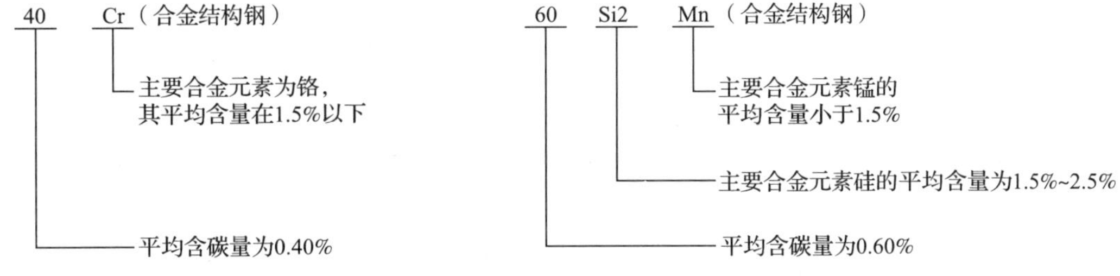

图 1-6　合金结构钢牌号标记示例

（2）合金工具钢的牌号

合金工具钢牌号和合金结构钢牌号的区别仅在于含碳量的表示方法，它用一位数字表示平均含碳量的千分数，当含碳量大于等于 1.0% 时，则不予标出。例如，9SiCr 和 Cr12MoV 的含义如图 1-7 所示。

（3）不锈钢或耐热钢的牌号

表示方法与合金结构钢相同（两位数，万分数计）。当材料只规定含碳量上限时，若含碳量上限 ≤ 0.10%，则以其上限值的 3/4 表示，如 06Cr18Ni9（含碳量不大于 0.08%）；若含碳量上限 >0.10%，则以其上限值的 4/5 表示，如 12Cr17（含碳量不大于 0.15%）。

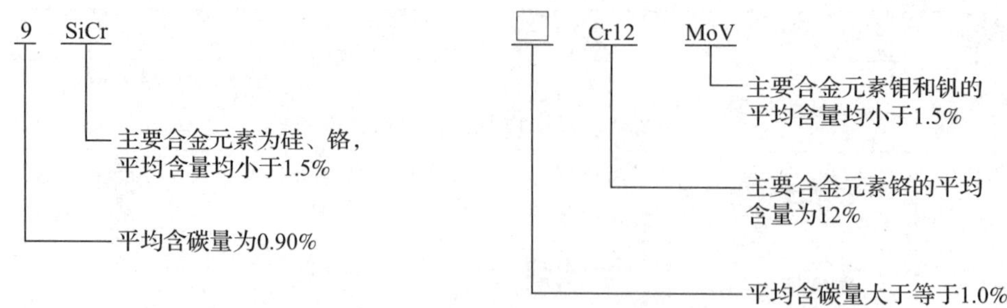

图 1–7　合金工具钢牌号标记示例

当含碳量上限≤ 0.03%（超低碳）时，则以三位数表示含碳量最佳控制值（十万分数计），如 015Cr19Ni11（含碳量上限为 0.02%）。

当含碳量规定有上下限时，则采用平均含碳量表示（两位数，万分数计），如 20Cr13（含碳量为 0.16% ～ 0.25%）。

（4）高速工具钢的牌号

高速工具钢的牌号表示方法与合金结构钢基本相同，但牌号头部一般不标明表示含碳量的阿拉伯数字，如 W18Cr4V 钢的平均含碳量为 0.7% ～ 0.8%。为了区别牌号，在牌号头部可以加“C”表示高碳高速工具钢。

各种高级优质合金钢在牌号的最后标上“A”，如 38CrMoAlA，表示平均含碳量为 0.38% 的高级优质合金结构钢。

3. 常用合金钢的性能和应用

（1）合金结构钢

1）合金渗碳钢

合金渗碳钢的含碳量为 0.12% ～ 0.25%，可保证心部具有足够的塑性和韧性；加入合金元素主要是为了提高钢的淬透性，使零件在热处理后，表层和心部均得到强化。

合金渗碳钢具有高的表面硬度和耐磨性，心部具有足够的强度和韧性，用于制造既要有优良的耐磨性和耐疲劳性、又能承受冲击载荷作用的零件。常用合金渗碳钢的牌号主要有低淬透性的 20Cr、20MnV，中淬透性的 20CrMn、20CrMnTi，高淬透性的 12Cr2Ni4A、18Gr2Ni4WA 等。

2）合金调质钢

合金调质钢是在中碳钢（30、35、40、45、50）的基础上加入一种或数种合金元素，以提高淬透性和耐回火性，使之在调质处理后具有良好的综合力学性能的钢。合金调质钢的含碳量一般为 0.25% ～ 0.50%，热处理工艺是调质（淬火 + 高温回火）。合金调质钢常用来制造受力复杂、具有较高综合力学性能要求的零件，如发动机轴、连杆及传动齿轮等。常用合金调质钢的牌号主要有低淬透性的 40Cr、35SiMn，中淬透性的 40CrMn、38CrMoAl，高淬透性的 40CrNiMo、40CrMnMo 等。

3）合金弹簧钢

合金弹簧钢含碳量一般为 0.45% ~ 0.70%。合金弹簧钢中可加入的合金元素有 Mn、Si、Cr、V、Mo 等，主要作用是提高淬透性，同时也能提高屈强比（R_{eL}/R_m），其中硅在这方面的作用最为突出。常用合金弹簧钢的牌号有 55SiMn、65Mn、60Si2Mn、50CrV 等。

4）滚动轴承钢

滚动轴承钢是特殊质量合金钢，用于制造滚动轴承的滚动体和内、外圈以及量具、模具、低合金刃具等。应用最广的滚动轴承钢是高碳铬轴承钢，其含碳量为 0.95% ~ 1.15%，含铬量为 0.40% ~ 1.65%。加入合金元素铬是为了提高淬透性、硬度、接触疲劳强度和耐磨性。制造大型轴承时，为了进一步提高淬透性，还可加入硅、锰等元素。常用滚动轴承钢的牌号有 GCr15、GCr15SiMn 等。

（2）合金工具钢

1）合金刃具钢

合金刃具钢主要用于制造车刀、铣刀、钻头等各种金属切削刀具。刃具钢要求具有高硬度、高耐磨性、高红硬性（红硬性是指金属材料在高温下保持高硬度的能力）及足够的强度和韧性等。合金刃具钢分为低合金刃具钢和高速工具钢两种。

低合金刃具钢是在碳素工具钢的基础上加入了少量合金元素。主要加入 Si、Cr、Mn、W、V 等元素，可提高淬透性、耐磨性并细化晶粒。低合金刃具钢的含碳量为 0.85% ~ 1.10%。常用低合金刃具钢的牌号有 9SiCr、9Mn2V、CrWMn。

高速工具钢（又称高速钢）是一种用于制作中速或高速切削工具的高碳合金工具钢。高速工具钢具有良好的红硬性，当切削温度高达 600 ℃左右时，其硬度仍无明显下降，高速工具钢也就因此而得名。

高速工具钢含碳量较高（为 0.7% ~ 1.5%）并含有大量的 W、Mo、Cr、V、Co 等强碳化物形成元素，可形成大量的合金碳化物，以保证高速工具钢获得高硬度、高红硬性和高耐磨性。常用高速工具钢的牌号有 W18Cr4V、W6Mo5Cr4V2 等。

2）合金模具钢

用于制作模具的钢称为模具钢。根据工作条件不同，模具钢又可分为冷作模具钢、热作模具钢和塑料模具钢三类。

冷作模具钢用于制造使金属在冷状态下变形的模具，如冲裁模、拉丝模、弯曲模、拉深模等。这类模具工作时的实际温度一般为 200 ~ 300 ℃。

小型冷作模具可用碳素工具钢或低合金刃具钢来制造，如 T10A、T12、9SiCr、CrWMn、9Mn2V 等。大型冷作模具一般采用 Cr12、Cr12MoV 等高碳高铬钢制造。

热作模具钢是用来制造使金属在高温下成形的模具，如热锻模、热挤压模、压铸模等，这类模具工作时型腔温度可达 600 ℃。

热作模具通常采用中碳合金钢（含碳量为 0.3% ~ 0.6%）制造，常加入的合金元素有 W、Si、Cr、Mn、Mo、Ni、V 等。目前一般采用 5CrMnMo 和 5CrNiMo 钢制造热锻模，采用 3Cr2W8V 钢制造热挤压模和压铸模。

常用的塑料模具钢有碳素塑料模具钢、渗碳型塑料模具钢、预硬化型塑料模具钢、时效硬化型塑料模具钢、耐蚀型塑料模具钢、淬硬型塑料模具钢等多种类型，其中预硬化型塑料模具钢中的 3Cr2Mo 和 3Cr2MnNiMo 的综合性能好，应用较广泛。

3）合金量具钢

合金量具钢用于制造各种量具，如千分尺、卡尺、块规、塞规等。制造量具没有专用钢种，碳素工具钢、合金刃具钢和滚动轴承钢均可用来制造量具，如 CrWMn、CrMn、GCr15 等。

（3）不锈钢

不锈钢是不锈钢和耐酸钢的统称，能抵抗大气、水等介质腐蚀的钢称为不锈钢，而在一些化学介质中能抵抗腐蚀的钢称为耐酸钢。不锈钢不一定耐酸，而耐酸钢一般都能抵抗大气、水等介质的腐蚀。

随着不锈钢中含碳量的增加，其强度、硬度和耐磨性相应提高，但耐腐蚀性下降。不锈钢中的基本合金元素是铬，含铬量都在 13% 以上。不锈钢中还含有镍、钛、锰、氮、铌等元素，以进一步提高耐腐蚀性或塑性。

常用的不锈钢按化学成分可分为铬不锈钢、铬镍不锈钢和铬锰不锈钢等，按金相组织特点又可分为奥氏体不锈钢、马氏体不锈钢和铁素体不锈钢等。

1）奥氏体不锈钢

奥氏体不锈钢是应用范围最广的不锈钢，其含碳量很低（≤ 0.15%），含铬量为 18%，含镍量为 9%。这种不锈钢属于铬镍不锈钢。常用的奥氏体不锈钢有 12Cr18Ni9、06Cr19Ni10N 等。

奥氏体具有较好的耐腐蚀性和耐热性，其耐腐蚀性高于马氏体不锈钢。同时，它具有高塑性，适宜冷加工成形，焊接性能良好。此外，它无磁性，故可用于制造抗磁零件。

2）马氏体不锈钢

马氏体不锈钢的含碳量为 0.10% ~ 1.20%，淬火后能得到马氏体，故称为马氏体不锈钢，它属于铬不锈钢，要经过淬火、回火后才能使用。马氏体不锈钢的耐腐蚀性、塑性和焊接性都不如奥氏体不锈钢和铁素体不锈钢，但由于它具有较好的力学性能，并具有一定的耐腐蚀性，故应用广泛。12Cr13、20Cr13 可用于制造汽轮机叶片、医疗器械等，30Cr13、40Cr13、68Cr17 等可用于制造医用手术器具、量具及轴承等耐磨零件。

3）铁素体不锈钢

铁素体不锈钢的含碳量 <0.12%，含铬量为 11.50% ~ 30%，属于铬不锈钢。它具有良好的高温抗氧化性（700 ℃以下），特别是耐腐蚀性较好。但其力学性能不如马氏体不锈钢，塑性不及奥氏体不锈钢，故多用于受力不大的耐酸结构件和作为抗氧化钢使用，如各种家用不锈钢厨具、餐具等。常用的铁素体不锈钢有 10Cr17、008Cr30Mo2 等。

四、铸铁

铸铁是应用非常广泛的一种金属材料，机床的床身以及机用虎钳的钳体、底座等都是用铸铁制造的。在各类机器的制造中，若按质量百分比计算，铸铁占整个机器质量的45% ~ 90%。工业上常用的铸铁含碳量一般为2.5% ~ 4.0%，此外还含有硅（Si）、锰（Mn）、硫（S）、磷（P）等元素。

1. 铸铁的分类方法

碳在铸铁中的存在形式有两种：渗碳体和石墨。根据碳的存在形式铸铁可分为白口铸铁（碳以渗碳体的形式存在）、麻口铸铁（碳以渗碳体和石墨的形式存在）和灰口铸铁（碳以石墨的形式存在）三种。工业上所用的铸铁几乎全部是灰口铸铁，根据灰口铸铁中石墨的形态不同，可分为灰铸铁、可锻铸铁、球墨铸铁和蠕墨铸铁，其类别、说明及应用见表1–8。

表1–8 灰口铸铁的类别、说明及应用

类别	说明及应用
灰铸铁	石墨呈片状，又称普通灰口铸铁或灰铁，是目前应用最广的一种铸铁
可锻铸铁	石墨呈团絮状，有较高的韧性和一定的塑性
球墨铸铁	石墨呈球状，简称球铁，其力学性能比普通灰口铸铁高很多，在生产中的应用日益广泛
蠕墨铸铁	石墨呈蠕虫状，简称蠕铁，其力学性能介于优质灰铸铁和球墨铸铁之间

2. 铸铁的牌号、性能及用途

常用铸铁的牌号、性能及用途见表1–9。

表1–9 常用铸铁的牌号、性能及用途

名称		编号原则与说明	典型牌号	性能	用途
灰铸铁		HT（“灰铁”两字汉语拼音字首）+一组数字 如HT150表示最低抗拉强度为150 MPa的灰铸铁	HT100 HT150 HT200 HT350	有良好的铸造性能和切削性能，较好的耐磨性和减振性，抗压强度和硬度较高，抗拉强度较低，塑性和韧性差	用于制造机床床身、支柱、底柱、刀架、齿轮箱箱体、轴承座、泵体等
可锻铸铁	黑心可锻铸铁	KTH（“可铁黑”三字汉语拼音字首）+两组数字 如KTH300–06表示最低抗拉强度为300 MPa、最低伸长率为6%的黑心可锻铸铁	KTH300–06 KTH350–10 KTH370–12	比灰铸铁强度高，塑性、韧性更好。用于制造载荷不大，承受较高冲击、振动的零件	用于制造汽车、拖拉机的后桥外壳，管接头，机床扳手，低压阀门，农具等

续表

名称		编号原则与说明	典型牌号	性能	用途
可锻铸铁	珠光体可锻铸铁	KTZ（“可铁珠”三字汉语拼音字首）+ 两组数字 如 KTZ450−06 表示最低抗拉强度为 450 MPa、最低伸长率为 6% 的珠光体可锻铸铁	KTZ450−06 KTZ550−04 KTZ650−02	具有高的强度、硬度，塑性和韧性比黑心可锻铸铁稍差。用于制造载荷较高、耐磨损并有一定韧性要求的重要零件	常用于制造曲轴、凸轮轴、连杆、齿轮、活塞环、轴套、万向接头、棘轮、扳手和传动链条等
球墨铸铁		QT（“球铁”两字汉语拼音字首）+ 两组数字 如 QT400−18 表示最低抗拉强度为 400 MPa、最低伸长率为 18% 的球墨铸铁	QT400−18 QT600−3 QT800−2 QT900−2	具有很高的强度和较好的疲劳强度，又有良好的塑性和韧性。其综合力学性能接近于钢	用于制造汽车、拖拉机、煤油机乃至火车的曲轴、凸轮轴、机床的主轴，轧钢机的轧辊等
蠕墨铸铁		RuT（“蠕”字拼音和“铁”字拼音的字首）+ 一组数字 如 RuT300 表示最低抗拉强度为 300 MPa 的蠕墨铸铁	RuT300 RuT350 RuT400 RuT450	强度接近于球墨铸铁，并且有一定的韧性、较高的耐磨性，同时又有和灰铸铁一样良好的铸造性能和导热性	主要用于制造承受循环载荷、要求组织致密、形状复杂的零件，如气缸盖、进排气管、液压件和钢锭模等

第 3 节　其他金属材料

一、铜及铜合金

1. 铜

铜呈紫红色，故又称为紫铜。其导电性和导热性仅次于金和银，是最常用的导电、导热材料。铜加工产品按化学成分不同可分为纯铜和无氧铜两类。纯铜的牌号有 T1、T2、T3 等；无氧铜的含氧量极低（不大于 0.003%），其牌号有 TU1、TU2 等。

2. 铜合金

铜的强度低，不能用于制造受力的结构件。工业上广泛采用在铜中加入合金元素而制成性能得到强化的铜合金，常用的铜合金可分为黄铜、白铜、青铜三大类。

（1）黄铜

黄铜是以锌为主加合金元素的铜合金，具有良好的力学性能，易加工成形，对大气、海水有相当好的抗腐蚀能力。黄铜按其所含合金元素的种类可分为普通黄铜和特殊黄铜两类；按生产方式可分为压力加工黄铜和铸造黄铜两类。常用黄铜的牌号和用途见表 1-10。

表 1-10　常用黄铜的牌号和用途

组别	牌号	用途
压力加工普通黄铜	H68	适用于制作复杂的冲压件、散热器、波纹管、轴套、弹壳等
	H62	适用于制作销钉、铆钉、螺钉、螺母、垫圈、气压表弹簧、筛网、散热器等
压力加工特殊黄铜	HSn90-1	适用于制作船舶上的零件、汽车和拖拉机上的弹性套管等
	HMn58-2	适用于制作弱电电路中的零件和在腐蚀条件下工作的重要零件
	HPb59-1	适用于制作热冲压件及切削加工零件，如销钉、螺钉、螺母、轴套等
铸造黄铜	ZCuZn38	适用于制作法兰、阀座、手柄、螺母等
	ZCuZn40Mn2	适用于制作在淡水、海水、蒸汽中工作的零件，如阀体、阀杆、泵管接头等

（2）白铜

白铜是以镍为主加合金元素的铜合金，具有良好的冷、热加工性能，不能进行热处理强化，只能用固溶强化和加工硬化来提高其强度。白铜还具有高的耐腐蚀性，是精密仪器仪表、化工机械、医疗器械及工艺品制造中的重要材料。

白铜的牌号用“B”加镍含量表示，三元以上的白铜用“B”加第二个主添加元素符号及除基元素铜外的成分数字组表示。例如，B30 表示含镍量约为 30% 的白铜，BMn3-12 表示含镍量约为 3%、含锰量约为 12% 的锰白铜。常用白铜的牌号有 B19、B25、BFe10-1-1、BFe30-1-1、BMn3-12 等。

（3）青铜

除了黄铜和白铜外，其他铜基合金都称为青铜。按主加元素种类的不同，青铜可分为锡青铜、铝青铜、硅青铜和铍青铜等；按生产方式不同，青铜也可分为压力加工青铜和铸造青铜两类。

压力加工青铜的牌号由“Q”+ 主加元素的元素符号及含量 + 其他加入元素的含量组成。例如，QSn4-3 表示含锡量约为 4%、含锌量约为 3%、其余为铜的锡青铜；QAl7 表示含铝量约为 7%、其余为铜的铝青铜。铸造青铜的牌号表示方法和铸造黄铜的牌号表示方法相同，均由“ZCu”+ 主加元素符号 + 主加元素含量 + 其他加入元素的元素符号及含量组成，如 ZCuSn5Pb5Zn5、ZCuAl9Mn2 等。常用青铜的牌号有 QSn4-3、QSn4-4-4、QAl7、ZCuSn5Pb5Zn5、ZCuSn10Pb1、ZCuPb30 等。

二、铝及铝合金

铝是一种具有良好的导电性、传热性及延展性的轻金属，其导电性仅次于银、铜，被大量用于电器设备和高压电缆。铝中加入少量的铜、镁、锰等，形成坚硬的铝合金，具有坚硬美观、轻巧耐用、耐腐蚀的优点。

1. 纯铝

纯铝按纯度分为高纯铝、工业高纯铝、工业纯铝三类。工业纯铝的牌号、特性和用途见表 1–11。

表 1-11　工业纯铝的牌号、特性和用途

牌号	特性	用途
1060、1050A、1035、8A06	具有塑性高、耐蚀、导电性及导热性好的特点，但强度低，不能通过热处理强化，切削性不好，可接受接触焊、气焊	主要用于制作具有特定性能的结构件，如垫片、电容器、电子管隔离网、电线、电缆的防护套及网、线芯和飞机通风系统零件及装饰件
1A30	具有与 1060、8A06 等类似的特性，但其 Fe 和 Si 杂质含量控制严格，工艺及热处理条件特殊	主要用作航天工业和兵器工业中的纯铝膜片等
1100	强度较低，但延展性、成型性、焊接性和耐蚀性优良	主要生产板材、带材，适于制作各种深冲压制品

2. 铝合金

铝合金根据成分特点和生产方式不同可分为变形铝合金、铸造铝合金和压铸铝合金。

变形铝合金根据性能的不同又分为防锈铝合金、硬铝合金、超硬铝合金和锻铝合金四种，其牌号、性能和用途见表 1–12。

表 1-12　常用变形铝合金的牌号、性能和用途

类别	牌号	性能	用途
防锈铝合金	5A02	铝镁系防锈铝，强度、塑性、耐蚀性高，具有较高的抗疲劳强度	用于制作在油介质中工作的结构件及导管、中等载荷的装饰件、焊条、铆钉等
	3A21	铝锰系合金，强度低，退火状态下塑性高，冷作硬化状态下塑性低，耐蚀性好，焊接性较好，是一种应用最为广泛的防锈铝	用于制作在液体或气体介质中工作的低载荷零件，如油箱、导管及各种异形容器

续表

类别	牌号	性能	用途
硬铝合金	2A11	称为标准硬铝，中等强度，点焊焊接性良好，以其作为焊接材料进行气焊及氩弧焊时有裂纹倾向，耐蚀性不高	用于制作中等强度的零件，如空气螺旋桨叶片、螺栓、铆钉等，用作铆钉时应在淬火后2 h内使用
	2A12	高强度硬铝，点焊焊接性良好，以其作为焊接材料进行氩弧焊及气焊时有裂纹倾向；退火状态下切削性尚可，抗蚀性差	用于制作高负荷零件，如工作温度在150 ℃以下的飞机骨架、框隔、翼梁、翼肋、蒙皮等
	2B11	剪切强度中等，退火及刚淬火状态下塑性较好，剪切强度较高	用于制作中等强度铆钉，必须在淬火后2 h内使用；用于制作高强度铆钉，必须在淬火后20 min内使用
超硬铝合金	7A03	铆钉合金，淬火人工时效状态下可以铆接，抗剪强度较高，耐蚀性和切削性较好。铆钉铆接时，不受热处理后时间限制	用于制作承力结构铆钉、工作温度在125 ℃以下，可作2A10硬铝合金的代用品
	7A04	高强度合金，在刚淬火及退火状态下塑性尚可。通常在淬火后人工时效状态下使用，这时得到的强度较一般硬铝高很多，但塑性较低。点焊焊接性良好，气焊不良	用于制作主要承力结构件，如飞机上的大梁、桁条、加强框、蒙皮、翼肋、接头、起落架等
	7A09	高强度铝合金，在退火和刚淬火状态下的塑性稍低于同样状态的2A12、稍优于7A04	用于制作飞机蒙皮等结构件和主要受力零件
锻铝合金	2A50	热态下塑性较高，易于锻造、冲压。强度较高，抗蚀性较好，切削性良好，电阻焊焊接性良好，但电弧焊、气焊性能不佳	用于制作要求中等强度且形状复杂的锻件和冲击件
	2A70	热态下具有高的可塑性，属耐热锻铝，其耐蚀性、可切削性尚好、电阻焊性能良好、电弧焊及气焊性能不佳	用于制作高温环境下工作的锻件，如内燃机活塞及一些复杂件（如叶轮、板材）；可用于制作高温下工作的焊接件和冲压件
	2A80	热态下可塑性较低，属耐热锻铝，焊接性与2A70相同，耐腐蚀性、可切削性尚好	

常用铸造铝合金的牌号、代号、性能和用途见表 1–13。

表 1–13 常用铸造铝合金的牌号、代号、性能和用途

牌号	代号	性能	用途
ZAlSi7Mg	ZL101	铸造性能良好，有较高的耐蚀性，淬火后具有较高的强度和塑性，易于焊接；但耐热性不高	用于制作工作温度低于 185 ℃的飞机、仪器零件，如汽化器
ZAlSi12	ZL102	铸造性能和 ZL101 一样好，耐蚀性高，焊接性能良好；但力学性能不高，可切削性差，耐热性不高	用于制作形状复杂、载荷不大而耐腐蚀的薄壁零件，工作温度不高于 200 ℃的高气密性零件，如仪表壳体、机器罩、盖子、船舶零件等
ZAlSi5Cu1Mg	ZL105	铸造性能良好，熔炼工艺简单，室温强度较高，高温力学性能良好，焊接性和可加工性良好，耐蚀性尚可；但塑性、韧性较低	用于制作形状复杂、在 225 ℃以下工作的零件，如风冷发动机的气缸头、油泵体、机壳
ZAlSi12Cu2Mg1	ZL108	铸造性能良好，流动性高，无热裂倾向，力学性能较高，一般在硬模中（金属型）铸造，可以得到尺寸精确的零件，热胀系数低，热导率高，耐热性能好；但可加工性较差	用于制作有高温强度及低膨胀系数要求的零件，如高速内燃机活塞等耐热零件
ZAlCu5Mn	ZL201	经热处理后具有较高的强度和良好的塑性、韧性，耐热性高，焊接性能和可加工性良好；但铸造性能不好，耐蚀性差	用于制作在 175 ~ 300 ℃工作的零件，如内燃机汽缸、活塞、支臂
ZAlCu10	ZL202	熔炼工艺简单，有优良的可加工性，焊接性、耐热性较好；但铸造性能不好，强度低，塑性及韧性差，耐蚀性差	用于制作形状简单、要求表面光滑的中等承载零件
ZAlMg10	ZL301	在海水、大气中有很高的耐蚀性，具有较高的强度和良好的塑性、韧性，可加工性良好，可以达到较高的表面质量要求。表面经抛光后，能长期保持光泽；但铸造性能差，在长期使用过程中，塑性明显下降，耐热性不高，焊接性较差，铸造工艺较复杂	用于制作在大气或海水中工作、工作温度低于 150 ℃、承受大振动载荷的零件
ZAlZn11Si7	ZL401	铸造性能良好，可获得较高的强度，焊接和可加工性良好，价格便宜；但耐热性低，耐蚀性一般	用于制作工作温度低于 200 ℃，形状复杂的汽车及飞机零件

常用压铸铝合金的牌号、代号、性能和用途见表 1–14。

表 1–14　常用压铸铝合金的牌号、代号、性能和用途

牌号	代号	性能	用途
YZAlSi12	YL102	具有较好的抗热裂性能、气密性以及流动性；不能热处理强化，抗拉强度低	用于制作承受低负荷、形状复杂的薄壁铸件，如各种壳体、牙科设备、活塞等
YZAlSi10Mg	YL101	具有较好的抗腐蚀性能，较高的冲击韧性和屈服强度；但铸造性能稍差	用于制作汽车车轮罩、摩托车曲轴箱、自行车车轮、船外机螺旋桨等
YZAlSi10	YL104		
YZAlSi9Cu4	YL112	具有较好的铸造性能和力学性能，较好的流动性、气密性和抗热裂性，较好的力学性能、切削加工性、抛光性和铸造性能	常用于制作齿轮箱体，空冷气缸头，发报机机座，割草机罩子，汽车发动机零件，摩托车缓冲器、发动机零件及箱体，农机具箱体、缸盖和缸体，计算机、手机等电子产品壳体，电动工具，缝纫机零件，渔具，煤气用具，电梯零件等。典型用途为制作带轮、活塞和气缸头等
YZAlSi11Cu3	YL113	具有良好的流动性、中等的气密性和较好的抗热裂性，特别是具有高的耐磨性和低的热膨胀系数	主要用于制作发动机机体、制动块、带轮、泵和其他要求耐磨的零件
YZAlSi17Cu5Mg	YL117		
YZAlMg5Si1	YL302	耐蚀性能强，冲击韧性高，伸长率低；铸造性能差	主要用于制作汽车变速器的油泵壳体，摩托车的衬垫、车架的联结器，农机具的连杆，船外机螺旋桨，钓鱼竿及其卷线筒等零件

三、滑动轴承合金

制造滑动轴承的轴瓦及其内衬的耐磨合金称为滑动轴承合金，又称轴承合金、轴瓦合金。

常用的滑动轴承合金有锡基轴承合金、铅基轴承合金、铜基轴承合金、铝基轴承合金等。锡基轴承合金、铅基轴承合金又称为巴氏合金。滑动轴承合金的分类、典型牌号、性能和用途见表 1–15。

表 1-15 滑动轴承合金的分类、典型牌号、性能和用途

分类	典型牌号	性能和用途
锡基轴承合金	ZSnSb12Pb10Cu4 ZSnSb8Cu4 ZSnSb11Cu6 ZSnSb4Cu4	摩擦系数小，塑性和导热性好，是优良的减摩材料，常用作重要的轴承，如汽轮机、发动机等巨型机器的高速轴承。缺点是疲劳强度较低，价格贵
铅基轴承合金	ZPbSb16Sn16Cu2 ZPbSb15Sn10 ZPbSb15Sn5 ZPbSb10Sn6	强度、塑性、韧性及导热性、耐腐蚀性均较锡基合金低，且摩擦系数较大；但价格较便宜。常用来制造承受中、低载荷的中速轴承，如汽车、拖拉机的曲轴、连杆轴承及电动机轴承
锡青铜	ZCuSn10P1 ZCuSn5Pb5Zn5	能承受较大的载荷，广泛用于中等速度及承受较大固定载荷的轴承，如电动机、泵、金属切削机床轴承。锡青铜可直接制成轴瓦，但与其配合的轴颈应具有较高的硬度（300 ~ 400HBW）
铅青铜	ZCuPb30	与巴氏合金相比，具有高的疲劳强度和承载能力，同时还有高的导热性（约为锡基巴氏合金的 6 倍）和低的摩擦系数，并可在较高温度（如 250 ℃）下工作。适宜制造高速、高压下工作的轴承，如航空发动机、高速柴油机及其他高速机器的主轴承
铝基轴承合金	ZAlSn6Cu1Ni1	具有原料丰富、价格低廉、导热性好、疲劳强度高和耐腐蚀性好等优点。而且能轧制成双金属，广泛应用于高速重载下的汽车、拖拉机及柴油机的滑动轴承。主要缺点是线膨胀系数较大，运转时易与轴咬合，尤其在冷起动时危险性更大

四、钛及钛合金

钛是一种新金属，由于它具有一系列优异特性，被广泛用于航空、航天、化工、石油、冶金、轻工、电力、海水淡化、舰艇和日常生活器具等工业生产中。

1. 纯钛（Ti）

纯钛是一种银白色的金属。纯钛的密度小（4.5 g/cm^3），熔点高（1 682 ℃），热膨胀系数小，塑性好，容易加工成形，可制成细丝、薄片；在 550 ℃以下有很好的耐腐蚀性，不易氧化，在海水和蒸汽中的抗腐蚀能力比铝合金、不锈钢和镍合金好。

常用的工业纯钛的牌号有 TA0、TA1、TA2、TA3 等，顺序号越大，杂质含量越高，强度、硬度越高，塑性、韧性越差。

2. 钛合金

常用的钛合金可以分为 α 型、β 型、α-β 型三类。钛合金的牌号用“T+ 合金类别代号 + 顺序号”表示，T 是钛的拼音字首，合金类别代号 A、B、C 分别表示 α 型钛合金、β 型钛合金、α-β 型钛合金。例如，TA6 表示 6 号 α 型钛合金，TC4 表示 4 号 α-β 型钛合金。

（1）α 型钛合金

α 型钛合金中主要合金元素有 Al 和 Sn。由于此类合金的 α 型钛向 β 型钛转变温度较高，因而在室温或较高温度时，均为单相 α 固溶体组织，不能进行热处理强化。常温下，它的硬度低于其他钛合金，但高温（500 ~ 600 ℃）条件下其强度最高。α 型钛合金组织稳定，焊接性良好。常用 α 型钛合金的牌号、特性和用途见表 1–16。

表 1–16　常用 α 型钛合金的牌号、特性和用途

<table>
<tr><th>牌号</th><th>特性</th><th>用途</th></tr>
<tr><td>TA5</td><td rowspan="4">室温下其强度低于 β 型和 α–β 型钛合金，但在 500 ~ 600 ℃温度下其高温强度是三类钛合金中最好的。α 型钛合金组织稳定、抗氧化性及焊接性好，耐蚀性及切削加工性尚好；但塑性低，压力加工性较差</td><td rowspan="2">用于制作在 400 ℃以下腐蚀性介质中工作的零件及焊接件，如飞机蒙皮、飞机骨架零件、飞机压气机叶片等</td></tr>
<tr><td>TA6</td></tr>
<tr><td>TA7</td><td>用于制作在 500 ℃以下长期工作的结构件及模锻件，也是一种优良的超低温材料</td></tr>
<tr><td>TA8</td><td>用于制作在 500 ℃以下长期工作的零件，如压气机盘及叶片。但由于组织稳定性较差，使用受到一定限制</td></tr>
</table>

（2）β 型钛合金

β 型钛合金中主要加入铬、铝、钒、钼和铁等促使 β 相稳定的元素，它们在正火或淬火时容易将高温 β 相保留到室温组织，得到较稳定的 β 相组织。这类合金具有良好的塑性，在 540 ℃以下具有较高的强度，但其生产工艺复杂，合金密度大，故在生产中用途不广。

（3）α – β 型钛合金

α – β 型钛合金中除含有铬、钼、钒等 β 相稳定元素外，还含有锡、铝等 α 相稳定元素。在冷却到一定温度时发生 β → α 相转变，室温下为 α + β 两相组织。

α – β 型钛合金的强度、耐热性和塑性都比较好，并可以进行热处理强化，应用范围较广。常用 α – β 型钛合金的牌号、特性和用途见表 1–17。

表 1–17　常用 α – β 型钛合金的牌号、特性和用途

<table>
<tr><th>牌号</th><th>特性</th><th>用途</th></tr>
<tr><td>TC1</td><td rowspan="7">综合力学性能较好，可切削加工、压力加工性良好、室温强度高，综合力学性能良好</td><td rowspan="2">用于制作在 400 ℃以下工作的冲压件、焊接件及模锻件，也可用作低温材料</td></tr>
<tr><td>TC2</td></tr>
<tr><td>TC3</td><td rowspan="2">用于制作在 400 ℃以下长期工作的零件、结构锻件、各种容器、泵、低温部件、坦克履带、舰船耐压壳体。TC4 是 α – β 型钛合金中应用最广泛的一种</td></tr>
<tr><td>TC4</td></tr>
<tr><td>TC6</td><td>用于制作在 450 ℃以下使用的零件，可作为飞机发动机结构材料</td></tr>
<tr><td>TC9</td><td>用于制作在 500 ℃以下长期使用的零件，如飞机发动机叶片等</td></tr>
<tr><td>TC10</td><td>用于制作在 450 ℃以下长期工作的零件，如飞机结构件、起落架、导弹发动机外壳、武器结构件等</td></tr>
</table>

五、硬质合金

硬质合金是将一种或多种难熔金属硬质化合物和黏结剂金属，通过粉末冶金工艺生产的一类合金材料。即将高硬度、难熔的碳化钨（WC）、碳化钛（TiC）、碳化钽（TaC）等和钴（Co）、镍（Ni）等黏结剂金属，经制粉、配料（按一定比例混合）、压制成形，再通过高温烧结制成。硬质合金具有硬度高，红硬性、耐磨性好，抗压强度高等诸多优点。因此，硬质合金在刀具、量具、模具的制造中得到广泛的应用。

硬质合金按用途范围不同，可分为切削工具用硬质合金，地质、矿山工具用硬质合金，耐磨零件用硬质合金。切削工具用硬质合金按使用领域不同可分为P、M、K、N、S、H六类。常用的有钨钴类硬质合金（K类）、钨钴钛类硬质合金（P类）和钨钛钽（铌）类硬质合金（M类，又称通用硬质合金或万能硬质合金）。

常用硬质合金的牌号、被加工材料和适应加工条件见表1–18。

表1–18　常用硬质合金的牌号、被加工材料和适应加工条件

类别	基本成分	牌号	被加工材料	适应加工条件
钨钴类硬质合金（K）	以WC为基，以Co作黏结剂，或添加少量TaC、NbC的合金或涂层合金	K01	铸铁、冷硬铸铁、短切屑可锻铸铁	车削、铣削、镗削、刮削
		K10	硬度高于220HBW的铸铁、短切屑可锻铸铁	车削、铣削、镗削、刮削、拉削
		K20	硬度低于220HBW的灰口铸铁、短切屑可锻铸铁	中等切削速度下的轻载荷粗加工或半精加工车削、铣削、镗削等
		K30	铸铁、短切屑可锻铸铁	在不利条件下可能采用大切削角的车削、铣削、刨削、切槽加工
		K40	铸铁、短切屑可锻铸铁	在不利条件下的粗加工，采用较低的切削速度、大进给量
钨钴钛类硬质合金（P）	以TiC、WC为基，以Co（Ni+Mo、Ni+Co）作黏结剂的合金或涂层合金	P01	钢、铸钢	高切削速度、小切屑截面、无振动条件下的精车、精镗
		P10	钢、铸钢	高切削速度，中、小切屑截面条件下的普通车削、仿形车削、螺纹车销和铣削
		P20	钢、铸钢、长切屑可锻铸铁	中等切削速度、中等切屑截面条件下的车削、仿形车削和铣削、小切削截面的刨削
		P30	钢、铸钢、长切屑可锻铸铁	中等或低切削速度、中等或大切屑截面条件下的车削、铣削、刨削和不利条件下的加工
		P40	钢、含砂眼和气孔的铸钢件	低切削速度、大切削角、大切屑截面以及不利条件下的车削、刨削、切槽和自动机床加工

续表

类别	基本成分	牌号	被加工材料	适应加工条件
通用硬质合金（M）	以 WC 为基，以 Co 作黏结剂，添加少量 TiC（TaC、NbO）的合金或涂层合金	M01	不锈钢、铁素体钢、铸钢	高切削速度、小载荷、无振动条件下的精车、精镗
		M10	不锈钢、铸钢、合金钢、可锻铸铁	中等或高等切削速度，中、小切屑截面条件下的车削
		M20	不锈钢、铸钢、合金钢、可锻铸铁	中等切削速度、中等切屑截面条件下的车削、铣削
		M30	不锈钢、铸钢、合金钢、可锻铸铁	中等或高等切削速度、中等或大切屑截面条件下的车削、铣削、刨削
		M40	不锈钢、铸钢、锰钢、合金钢、可锻铸铁	车削、切断、强力铣削

第 4 节　钢的热处理

热处理是指金属材料在固态下，通过加热、保温和冷却的手段，以获得预期组织和性能的一种金属热加工工艺。

热处理工艺过程可用以温度—时间为坐标的曲线图表示。热处理工艺曲线如图 1–8 所示。热处理是强化金属材料，提高产品质量和寿命的主要途径之一。因此，绝大部分重要的机械零件在制造过程中都需要进行热处理。

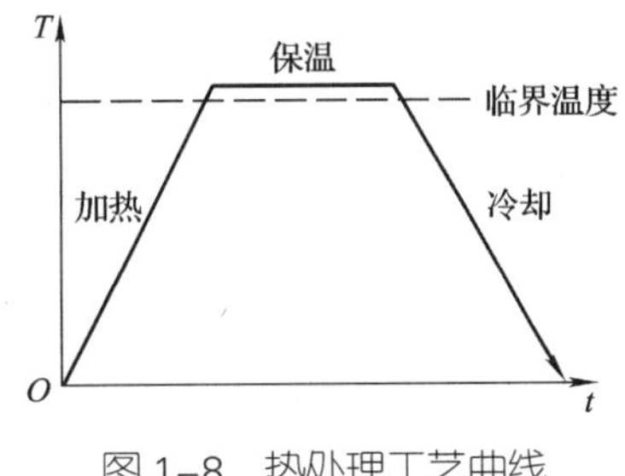

图 1–8　热处理工艺曲线

根据加热和冷却方式不同，钢的常用热处理工艺分为整体热处理、表面热处理和化学热处理三大类，如图 1–9 所示。

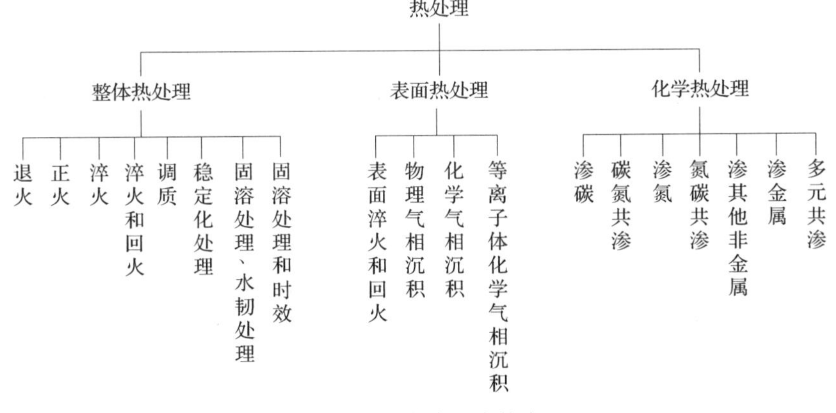

图 1–9　热处理的分类

一、常用整体热处理

整体热处理俗称普通热处理，简称热处理，常用的热处理方法主要有退回、正火、淬火、回火、调质、时效处理等。

1. 退火与正火

退火与正火热处理通常是钢在进行机械加工前期，为改善材料的冲压、切削等工艺性能以及调整材料内部的组织状态而进行的一种预备热处理工艺。不同成分的钢进行退火与正火时，所加热的温度和冷却的方式也有所不同。图 1–10 所示为退火与正火热处理工艺曲线示意图，退火与正火热处理的方法、特点及应用见表 1–19。

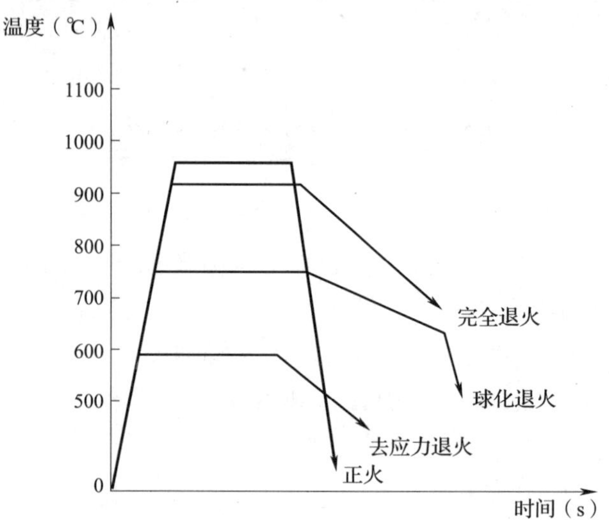

图 1–10　退火与正火热处理工艺曲线示意图

表 1–19　退火与正火热处理的方法、特点及应用

类型	方法	特点	应用
退火	将钢加热到适当温度，保持一定时间，然后缓慢冷却（一般随炉冷却）	降低硬度，提高塑性；细化晶粒，均匀组织；消除残余内应力，防止工件变形与开裂	根据加热温度和目的不同，常用的退火方法有完全退火、球化退火和去应力退火三种 （1）完全退火。主要用于中碳钢及低、中碳合金结构钢的锻件、铸件、热轧型材等，有时也用于焊接件 （2）球化退火。用于碳素工具钢、合金工具钢、滚动轴承钢等 （3）去应力退火。用于消除毛坯、构件和零件的内应力

续表

类型	方法	特点	应用
正火	将钢加热到一定温度，保温适当时间后在空气中冷却	正火的冷却速度比退火快，故正火后得到的组织比较细密，强度、硬度比退火钢高	（1）对于低、中碳合金结构钢，正火的主要目的是细化晶粒、均匀组织、提高力学性能，另外还可以起到调整硬度、改善切削加工性能的作用 （2）对于力学性能要求不高的普通零件，正火可作为最终热处理 （3）对于高碳的过共析钢，正火的主要目的是改善组织，为球化退火或淬火做准备

2. 淬火、回火与调质

（1）淬火

淬火是将钢加热到适当温度，经保温后快速冷却，以提高钢的强度、硬度和耐磨性的工艺方法。

淬火是热处理工艺过程中最重要、最复杂的一种工艺。淬火时如果冷却速度快，容易使工件产生变形及裂纹；如果冷却速度慢，则达不到所要求的硬度。另外，加热温度和保温时间也会影响工件的最终质量。因此，淬火工艺常常是决定产品最终质量的关键。根据淬火时加热和冷却方式的不同，淬火方法可分为单介质淬火、双介质淬火、分级淬火和等温淬火四种，其方法、特点及应用见表 1-20。

表 1-20　淬火的方法、特点及应用

类型	方法	特点	应用
单介质淬火	将加热好的钢直接放入单一的淬火介质中冷却到室温	冷却特性不够理想，容易导致硬度不足或开裂等缺陷	主要应用于外形简单、尺寸较小的工件
双介质淬火	先将加热好的钢浸入冷却能力强的介质中，在组织还未开始转变时再迅速浸入另一种冷却能力弱的介质中，缓冷到室温	淬火内应力小，工件变形和开裂小，操作困难，不易掌握	主要应用于碳素工具钢制造的易开裂的较小工件，如丝锥等
分级淬火	先将加热好的钢浸入接近钢的组织转变温度的液态介质中，保持适当时间，待钢件的内外层都达到介质温度后取出空冷	淬火内应力小，工件不易变形和开裂	主要应用于淬透性好的合金钢或截面不大、形状复杂的碳钢工件

续表

类型	方法	特点	应用
等温淬火	先将加热好的钢快冷到组织转变温度区间（260 ~ 400 ℃），然后等温保持，使其转变为所需的理想组织，然后取出在空气中冷却	工件能获得较高的强度和硬度、较好的耐磨性和韧性，显著减小淬火内应力和淬火变形	常用于各种中、高碳工具钢和低碳合金钢制造的形状复杂、尺寸较小、韧性要求较高的模具、成形刀具等

（2）回火

回火是将淬火后的钢重新加热到某一较低温度，保温后再冷却到室温的热处理工艺。钢淬火后的组织处于不稳定状态，会自发地向稳定组织转变，从而引起工件变形甚至开裂。因此，淬火后必须马上进行回火处理，以稳定组织，消除内应力，防止工件变形、开裂，并获得所需的力学性能。由于钢最后的组织和性能由回火温度决定，所以生产中一般以工件所需的硬度来决定回火温度。根据回火温度的不同，回火可分为低温回火、中温回火和高温回火三种，其特点及应用见表 1–21。

表 1–21　回火的特点及应用

类型	加热温度（℃）	特点	应用
低温回火	150 ~ 250	具有高的硬度、耐磨性和一定的韧性，硬度为 58 ~ 64HRC	用于刀具、量具、冷冲模以及其他要求高硬度、高耐磨性的零件
中温回火	350 ~ 500	具有高的弹性极限、屈服强度和适当的韧性，硬度为 40 ~ 50HRC	主要用于弹性零件及热锻模具等
高温回火	500 ~ 650	具有良好的综合力学性能（即足够的强度与高韧性相配合），硬度为 200 ~ 330HBW	广泛用于重要的受力构件，如丝杠、螺栓、连杆、齿轮、曲轴等

（3）调质

生产中把淬火及高温回火相结合的热处理工艺称为“调质”，由于调质处理后工件可获得良好的综合力学性能，不仅强度较高，而且有较好的塑性和韧性，为零件在工作中承受各种载荷提供了有利条件。因此，重要的、受力复杂的零件一般均采用调质处理。

3. 时效处理

时效处理是将经冷塑性变形或铸造、锻造以及粗加工后的金属工件，在较高的温度环境下或室温下放置，使其性能、形状、尺寸随时间而发生缓慢变化的热处理工艺。时效处理的目的是消除工件的内应力，稳定组织和尺寸，改善力学性能等。

（1）人工时效处理

将工件加热到一定温度（100 ~ 150 ℃），并在较短时间（6 ~ 36 h）内进行的时效处理，称为人工时效处理。

（2）自然时效处理

将工件置于室温或自然条件下，通过长时间（几天甚至几年）存放进行的时效处理，称为自然时效处理。

二、常用表面热处理

表面热处理常用的方法是表面淬火。表面淬火是一种仅对工件表层进行淬火的热处理工艺。其原理是通过快速加热，仅使钢的表层达到红热状态，在热量尚未充分传递到零件内部时就立即予以冷却。它不改变钢的表层化学成分，但改变表层组织。表面淬火只适用于中碳钢和中碳合金钢。

表面淬火的关键是必须有较快的加热速度。目前，表面淬火的方法很多，如火焰加热表面淬火、感应加热表面淬火、电接触加热表面淬火、激光加热表面淬火等。生产中最常用的方法是火焰加热表面淬火和感应加热表面淬火。

1. 火焰加热表面淬火

火焰加热表面淬火是应用氧乙炔（或其他可燃气体）焰对零件表面进行快速加热，并使其快速冷却的工艺，如图 1–11 所示。

火焰加热表面淬火的淬硬层深度一般为 2 ~ 6 mm。这种方法的特点是：加热温度及淬硬层深度不易控制，容易导致过热或加热不均的现象，淬火质量不稳定。但这种方法不需要特殊设备，故适用于单件或小批量生产。

2. 感应加热表面淬火

感应加热表面淬火是利用感应电流在工件表层所产生的热效应，使工件表面受到局部加热，并进行快速冷却的工艺，如图 1–12 所示。

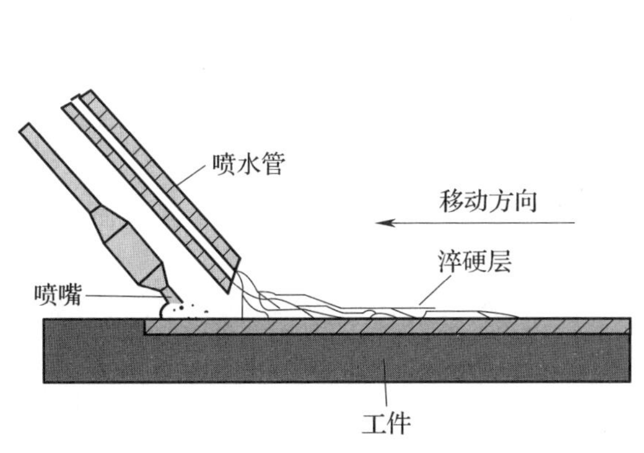

图 1–11　火焰加热表面淬火示意图

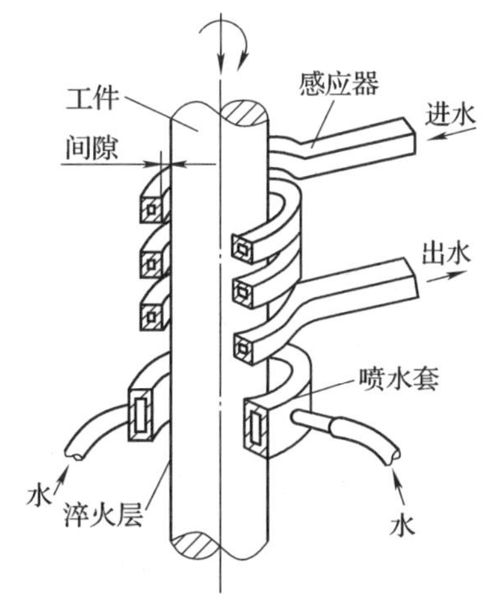

图 1–12　感应加热表面淬火示意图

与火焰加热表面淬火相比，感应加热表面淬火具有如下特点：

（1）加热速度快，零件由室温加热到淬火温度仅需几秒到几十秒的时间。

（2）淬火质量好，硬度比火焰加热表面淬火高 2 ~ 3HRC。

（3）淬硬层深度易于控制，淬火操作便于实现机械化和自动化，但其设备较复杂、成本高，故适用于大批量生产。

三、化学热处理

化学热处理是将工件较长时间置于一定温度的活性介质中保温，使一种或几种元素渗入其表层，以改变其化学成分、组织和力学性能的热处理工艺。与其他热处理工艺相比，化学热处理不仅改变了钢的组织，而且其表层的化学成分也发生了变化，因而能够更加有效地改变零件表层的性能。根据渗入元素的不同，常用化学热处理有渗碳、渗氮、碳氮共渗等，其方法、特点及应用见表 1–22。

表 1–22　常用化学热处理的方法、特点及应用

类型	方法	特点	应用
渗碳	使碳原子渗入钢的表层	使低碳钢工件具有高碳钢的表层，再经过淬火和低温回火，使工件表层具有较高的硬度和耐磨性，而工件的中心部分仍然保持着低碳钢的韧性和塑性	主要用于低碳钢或低碳合金钢制造的要求耐磨的零件
渗氮	在一定温度下和一定介质中使氮原子渗入工件表层	渗氮温度比较低，因而工件变形较小，但渗层较浅，心部硬度较低	主要用于重要和复杂的精密零件，如精密丝杠、镗杆、排气阀、精密机床的主轴等
碳氮共渗	向钢的表层同时渗入碳和氮	渗碳与渗氮工艺的结合，既能达到渗碳的深度，又能达到渗氮的硬度，综合性能较好	应用广泛，常用于汽车和机床上的齿轮、蜗杆和轴类等零件

课后练习

1. 什么是屈服强度？什么是抗拉强度？
2. 钢分为哪几类？
3. 非合金钢按含碳量分为哪几类？

4. Q235 有何特性和用途？

5. 优质碳素结构钢的含碳量有何要求？主要有何用途？列举几种常用优质碳素结构钢的牌号。

6. 低合金钢与合金钢的组成有何区别？

7. 什么是合金调质钢？其含碳量是多少？主要热处理工艺是什么？

8. 黄铜具有哪些性能？

9. 铝合金分为哪些类型？

10. 什么是硬质合金？

11. 根据加热和冷却方式不同，钢的热处理分为哪几类？

12. 什么是淬火？根据淬火时加热和冷却方式的不同，淬火可分为哪几种？

13. 常用表面热处理的方法有哪些？

14. 什么是化学热处理？

机械传动

学习目标

1. 了解机器、机构与机械的含义，了解零件、部件与构件的含义。
2. 掌握带传动和链传动的组成及工作原理，了解 V 带与 V 带轮、套筒滚子链与链轮的结构。
3. 掌握螺纹连接、螺旋传动的类型和应用。
4. 掌握齿轮传动、蜗杆传动的特点及应用，了解轮系的种类。

第 1 节　机械传动概述

人们的生活几乎每时每刻都离不开机械，从小小的剪刀、钳子、扳手到计算机控制的机械设备、机器人、无人机等，机械在现代生活和生产中都起着非常重要的作用。机械的种类和品种很多，如汽车、数控机床、挖掘机和 3D 打印机等，如图 2–1 所示。机械是机器与机构的总称。

一、机器与机构

1. 机器

机器是人们根据某种使用要求设计制造的一种能执行机械运动的装置，用来完成所赋予的功能，如变换或传递运动、能量、物料与信息，各运动实体之间具有确定的相对运动，可以代替或减轻人们的劳动，完成有用的机械功或将其他形式的能量转换为机械能。

图 2–2 所示为台式钻床（简称台钻），它是机械加工中一种常用的生产机器，主

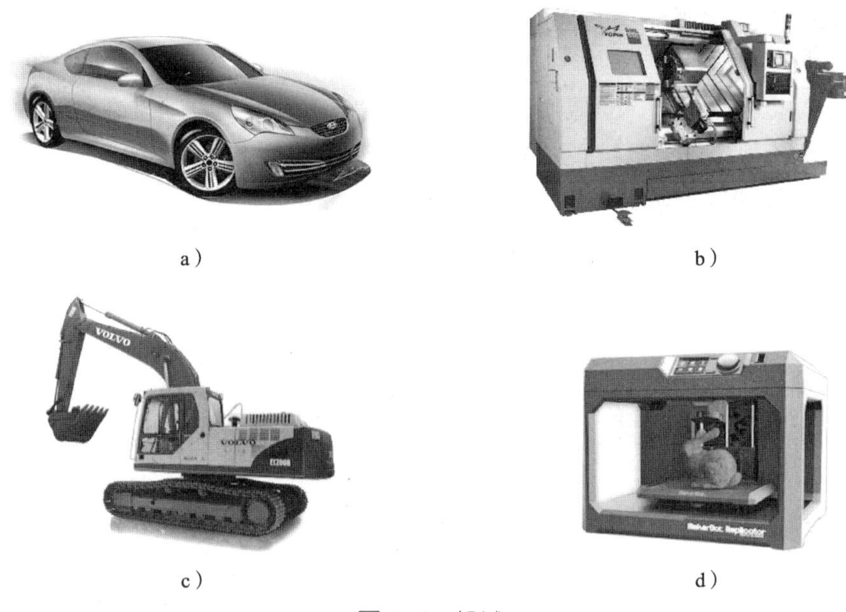
a） b）
c） d）

图 2–1 机械

a）汽车 b）数控机床 c）挖掘机 d）3D 打印机

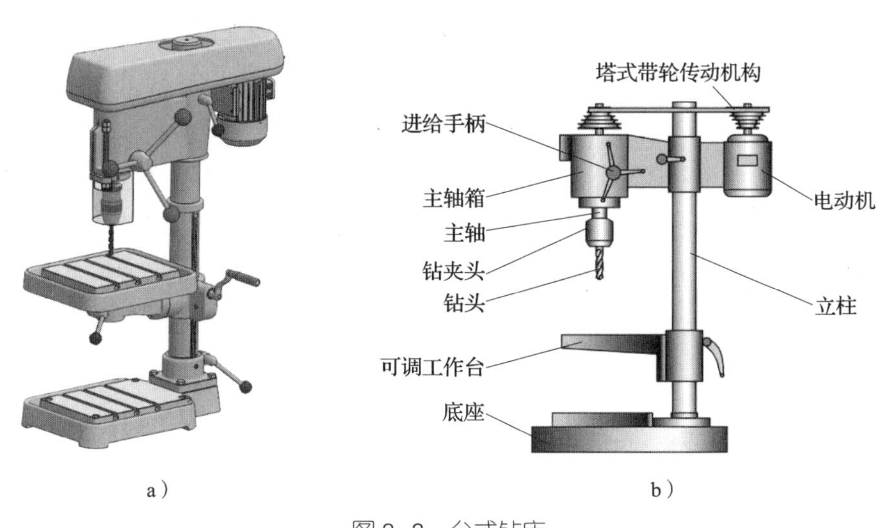

a） b）

图 2–2 台式钻床

a）实物图 b）结构图

要用于孔加工，它由电动机、塔式带轮传动机构、主轴箱、立柱、主轴、钻夹头、进给手柄、可调工作台和底座等组成。

机器尽管多种多样、千差万别，但其组成大致相同，一般都由动力部分、传动部分、执行部分和控制部分等组成。图 2–2 所示的台钻中，动力部分为电动机，传动部分为塔式带轮传动机构和主轴箱中的钻夹头升降机构，执行部分为钻头，控制部分为电源开关和进给手柄。钻头的旋转由电动机带动，钻头的升降通过旋转进给手柄完成。

2. 机构

机构是具有确定相对运动的实物组合，是机器的重要组成部分。图 2–2 所示台钻中包含了多种机构。例如，塔式带轮传动机构使电动机的动力传递给主轴，从而带动钻头旋转；齿轮齿条进给机构实现了钻头的上下运动。

塔式带轮传动机构如图 2–3 所示，该机构不但能传递动力和运动，而且可以通过变换 V 带的位置使钻头产生多种不同的转速。

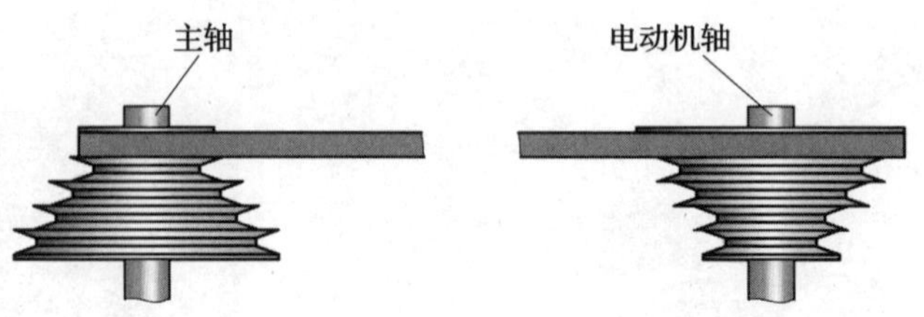

图 2–3　塔式带轮传动机构

钻夹头升降机构如图 2–4 所示，旋转进给手柄，齿轮旋转，带动齿条运动，实现钻头进给。

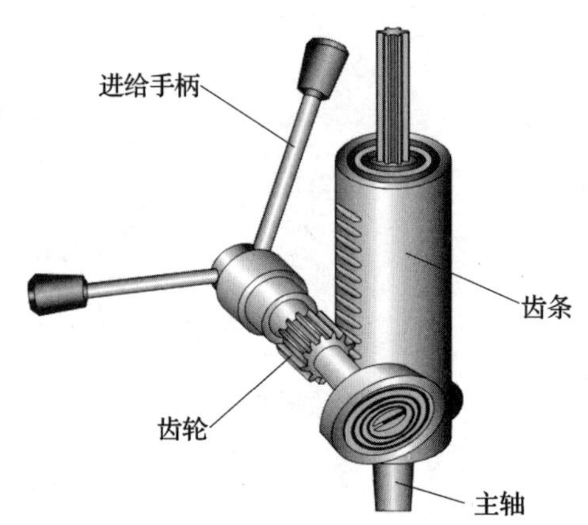

图 2–4　钻夹头升降机构

二、零件、部件与构件

1. 零件与部件

机器是由若干个零件装配而成的。零件是机器及各种设备中最小的制造单元，如图 2–2 中的塔式带轮、立柱等都是零件。

在机械装配过程中，往往将零件先装配成部件，然后才能装配成机器。部件是机器的组成部分，是由若干个零件装配而成的。在图 2–2 所示的台钻中，电动机和主轴箱等都是部件。

2. 构件

从运动学的角度出发，机器由若干个运动单元组成，这些运动单元称为构件。构件可以是一个零件，也可以是几个零件的组合。图 2–5 所示为用于拆卸轴上的轴承、齿轮的顶拔器。在顶拔器中，压紧螺杆、抓手是单个零件的构件，而把手、挡圈和沉头螺钉组成一个构件，横梁和销轴组成一个构件。

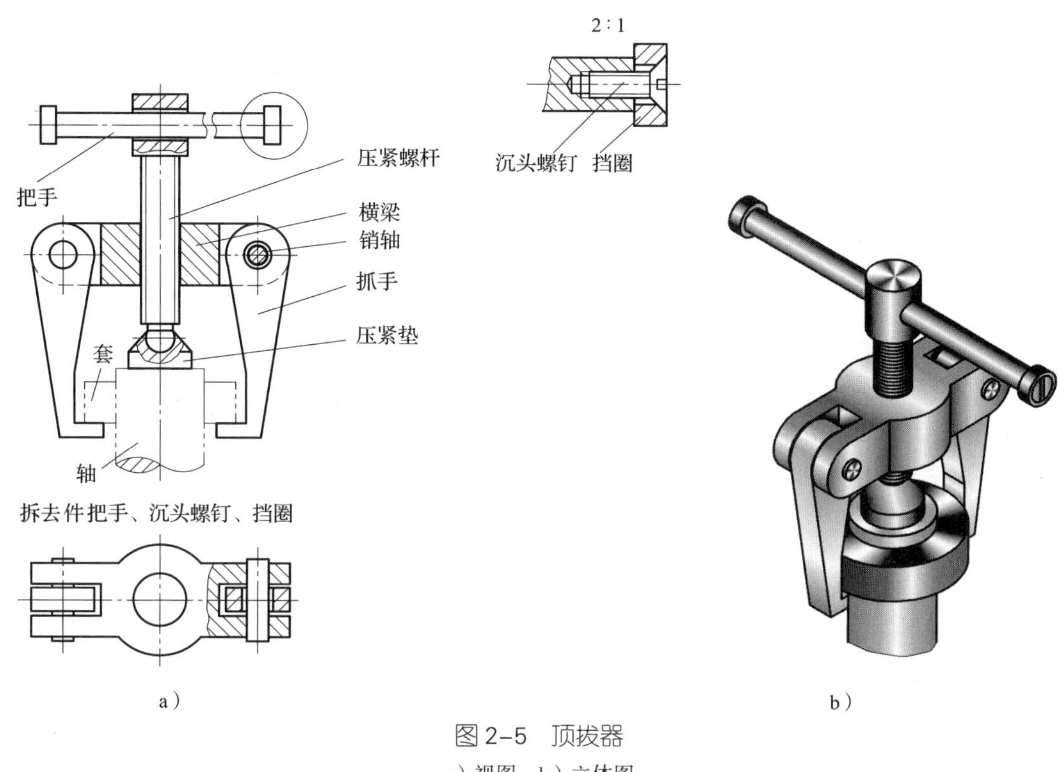

图 2–5　顶拔器

a）视图　b）立体图

第 2 节　带传动与链传动

一、带传动的组成与工作原理

带传动是机械传动中重要的传动形式之一。随着工业技术水平的不断提高，带传动正向着多样化、多领域发展，在汽车、家用电器、办公设备、机械工程中得到了越来越广泛的应用。图 2–6 所示为带传动在台钻中的应用。

1. 带传动的组成

带传动一般由固定连接在主动轴上的带轮（主动轮）、从动轴上的带轮（从动轮）和紧套在两带轮上的挠性带组成，如图 2–7 所示。

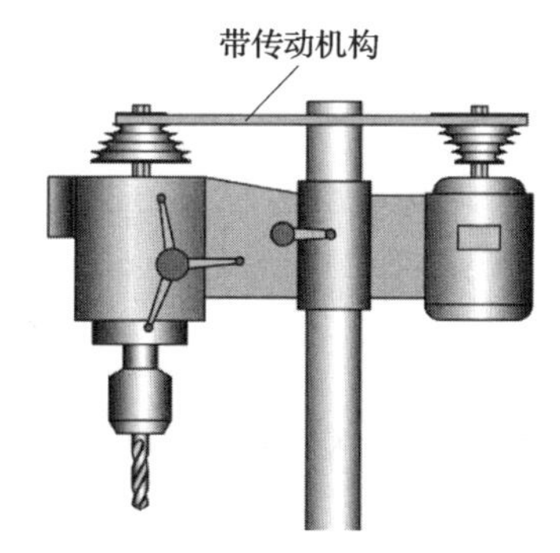

图 2–6　带传动在台钻中的应用

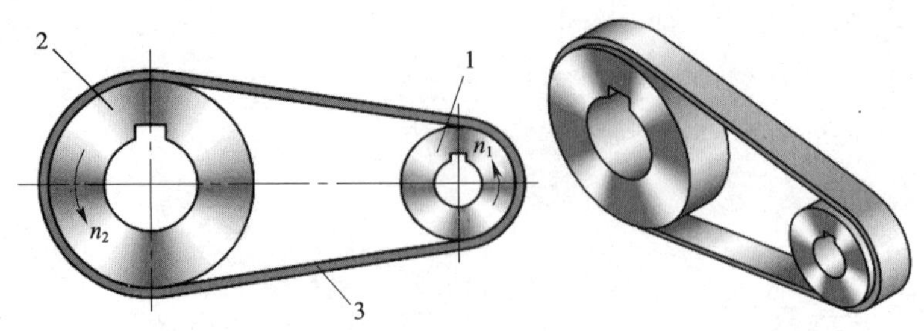

图 2–7　带传动的组成

1—带轮（主动轮）　2—带轮（从动轮）　3—挠性带

2. 带传动的工作原理

带传动是依靠带与带轮接触面间的摩擦力（或啮合力）来传递运动和动力的。静止时，两边带上的拉力相等。传动时，由于传递载荷的关系，两边带上的拉力会有一定的差值。拉力大的一边称为紧边（主动边），拉力小的一边称为松边（从动边）。如图 2–7a 所示，当主动轮 1 按图示方向回转时，下边是紧边，上边是松边。

3. 带传动的传动比 i

机构中瞬时输入角速度与输出角速度的比值称为机构的传动比。带传动的传动比就是主动轮转速 n_1 与从动轮转速 n_2 之比，通常用 i_{12} 表示：

$$i_{12}=\frac{n_1}{n_2}$$

式中　n_1、n_2——主、从动轮的转速，r/min。

二、带传动的类型

根据工作原理不同，带传动分为摩擦型带传动和啮合型带传动，其特点与应用见表 2–1。

表 2–1　常用带传动的类型、特点与应用

类型		图示	特点		应用
摩擦型带传动	平带		结构简单，带轮制造方便，带的质量轻且挠曲性好	传动过载时存在打滑现象，传动比不准确	常用于高速、中心距较大、平行轴的交叉传动与相错轴的半交叉传动
	V带		承载能力大，使用寿命长		一般机械常用V带传动

续表

类型		图示	特点		应用
摩擦型带传动	圆带		结构简单，制造方便，抗拉强度高，耐磨损，耐腐蚀，易安装，使用寿命长	传动过载时存在打滑现象，传动比不准确	常用于包装、印刷、纺织等机械中
啮合型带传动	同步带		传动比准确，传动平稳，传动精度高，结构较复杂		常用于汽车、数控机床、扫描仪、打印机等传动精度要求较高的场合

三、V 带传动

V 带传动是由一条或数条 V 带和 V 带轮组成的摩擦传动，它靠 V 带的两侧面与轮槽侧面之间的摩擦力进行动力传递，如图 2–8 所示。V 带传动主要有普通 V 带传动和窄 V 带传动两种形式，其中普通 V 带传动的应用最为广泛。

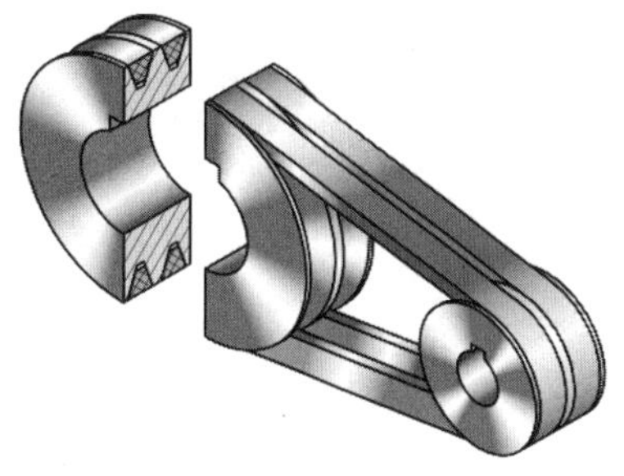

图 2–8　V 带传动

1. V 带

V 带是一种无接头的环形带，其横截面为等腰梯形，工作面是与轮槽相接触的两侧面，带与轮槽底面不接触。V 带由包布、顶胶、抗拉体和底胶四部分组成，如图 2–9 所示。V 带的抗拉体有帘布芯和绳芯两种结构。

普通 V 带是横截面为梯形的环形带，其横截面形状如图 2–10 所示，其楔角 α 为 40°。

V 带的包布层一般采用含氯丁二烯的棉、聚酯纤维织物等材料；顶胶和底胶可采用天然橡胶、丁苯橡胶、氯丁橡胶和丁腈橡胶等材料；抗拉体要求材料具有低伸长率、高抗拉强度的特性，多为聚酯线绳，也有采用芳纶与钢丝等材料的。

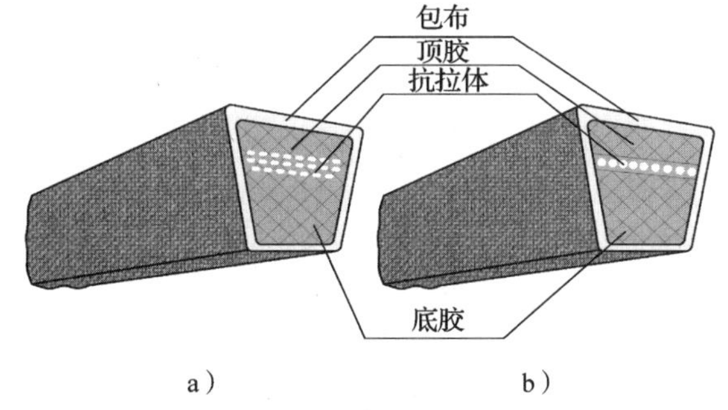

图 2–9　V 带的结构

a）帘布芯结构　b）绳芯结构

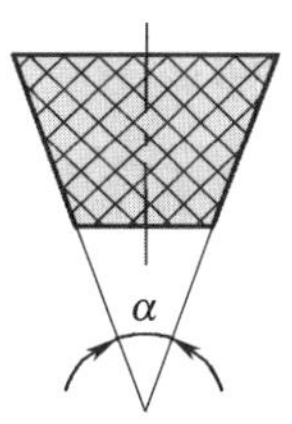

图 2–10　普通 V 带横截面

2. V 带轮

V 带轮的结构从功能上分为轮辐、轮毂和轮缘三部分，轮槽制作在轮缘上，如图 2-11 所示。

普通 V 带的楔角 α 是 40°，但安装在 V 带轮上后，V 带弯曲会使其楔角 α 变小。为了保证 V 带传动时 V 带和 V 带轮的轮槽工作面接触良好，V 带轮的槽角 φ（见图 2-12）要比 40° 小些，一般取 32°、34°、36°、38°。小 V 带轮上 V 带变形严重，对应的槽角要小些，大 V 带轮的槽角则大些。

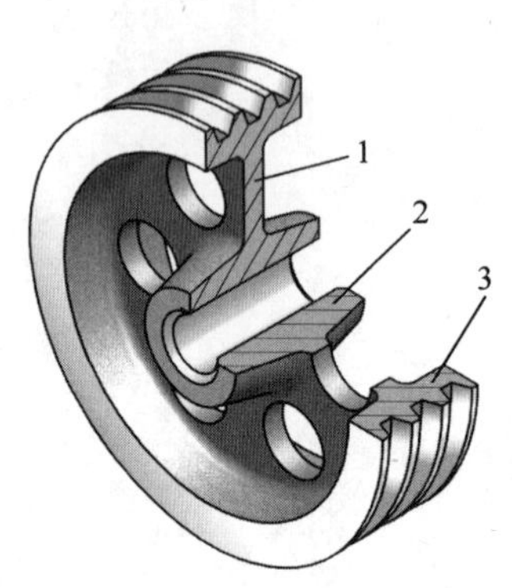

图 2-11　V 带轮的结构

1—轮辐　2—轮毂　3—轮缘

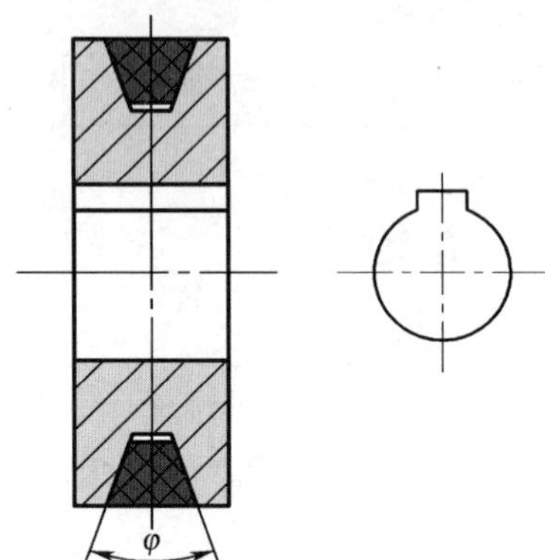

图 2-12　普通 V 带轮的槽角

普通 V 带轮通常采用灰铸铁制造，带速较高时可采用铸钢，功率较小的传动可采用铸造铝合金或工程塑料等。

3. 普通 V 带传动的应用特点

普通 V 带传动的优点有：

（1）结构简单，制造、安装精度要求不高，使用维护方便，适用于两轴中心距较大的场合。

（2）传动平稳，噪声低，有缓冲吸振作用。

（3）过载时，V 带会在带轮上打滑，可以防止零件的损坏，起安全保护作用。

普通 V 带传动的主要缺点是不能保证准确的传动比，外廓尺寸大，传动效率低。

四、同步带传动

同步带传动即啮合型带传动。它通过传动带内表面上等距分布的横向齿与带轮上的相应齿槽啮合来传递运动，如图 2-13 所示。

1. 同步带

同步带是工作面上带有齿的环状体，通常用钢丝绳或玻璃纤维绳等作抗拉体，以聚氨酯或橡胶作为基体，其结构如图 2-14 所示。

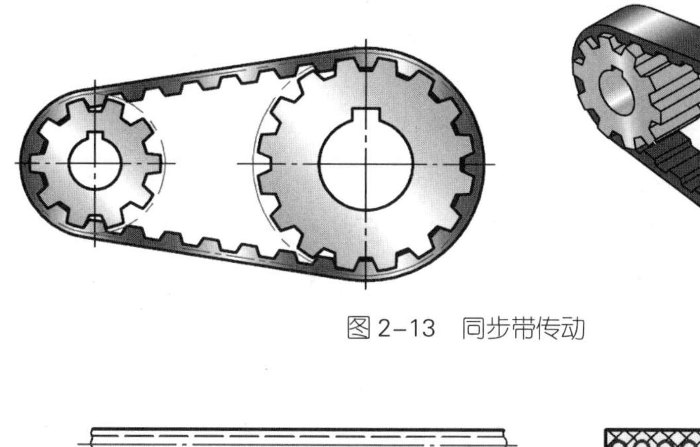

图 2–13　同步带传动

图 2–14　同步带

1—基体　2—抗拉体

2. 同步带轮

同步带轮有梯形齿同步带轮和圆弧齿同步带轮两种，其齿形如图 2–15 所示。带轮分为有挡圈和无挡圈两种，其结构如图 2–16 所示。同步带轮常用材料有铝合金、钢、铸铁、不锈钢、尼龙、铜、橡胶、POM 聚甲醛塑料等，其中以 45 钢、铝合金最为常见。

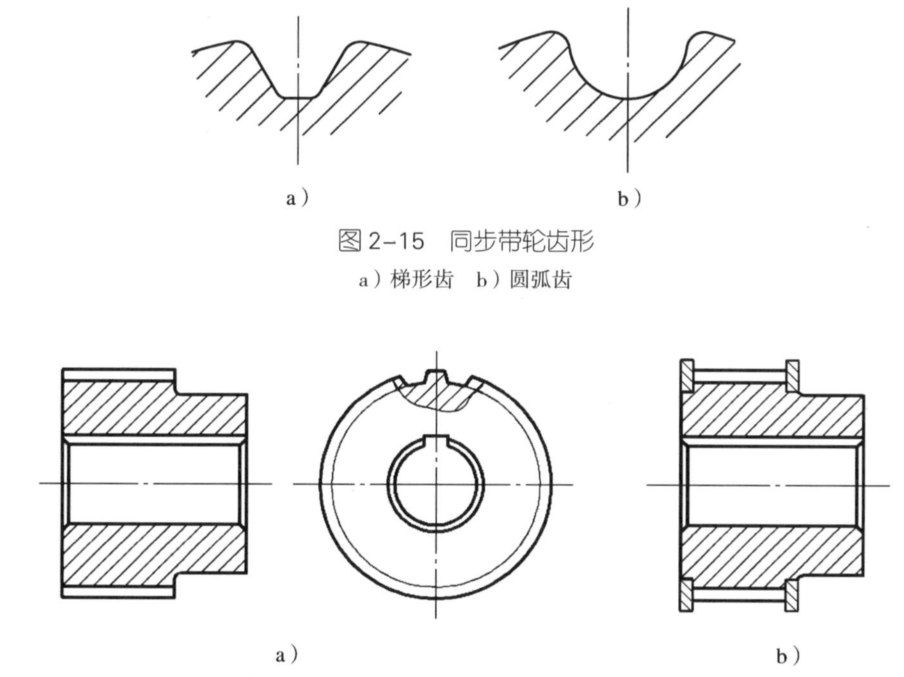

图 2–15　同步带轮齿形

a）梯形齿　b）圆弧齿

图 2–16　同步带轮结构

a）无挡圈带轮　b）有挡圈带轮

同步带与带轮工作时无相对滑动，传动准确，具有恒定的传动比，被广泛应用于精密传动的各种设备上，例如，传真机、打印机、扫描仪、一体机等办公设备。

五、链传动

链传动主要用于一般机械中传递运动和动力，也可用于物料输送等场合。链传动主要有套筒滚子链传动和齿形链传动，使用最广泛的是套筒滚子链传动。链传动的应用非常广泛，自行车（见图 2–17）的运动就是通过链传动来实现的。

1. 链传动及其传动比

链传动由主动链轮、从动链轮和传动链组成，如图 2–18 所示。链轮上制有特殊齿形的齿，通过链轮轮齿与链条的啮合来传递运动和动力。

图 2–17　自行车及链传动

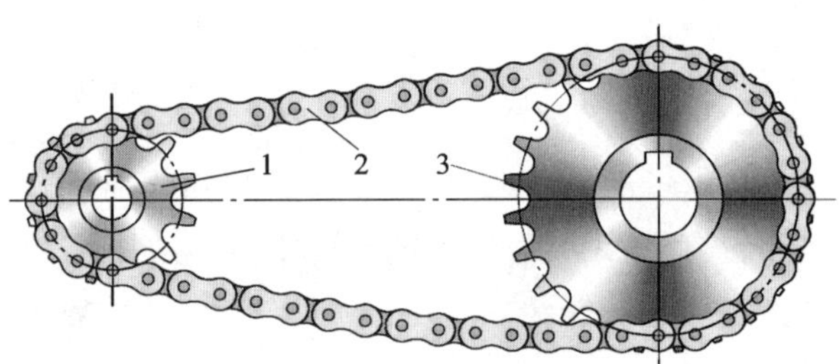

图 2–18　链传动

1—主动链轮　2—传动链　3—从动链轮

在链传动中，主动链轮每转过一个齿，链条移动一个链节，从动链轮被链条带动转过一个齿。如图 2–19 所示，设主动链轮的齿数为 z_1，从动链轮的齿数为 z_2，当主动链轮的转速为 n_1、从动链轮的转速为 n_2 时，单位时间内主动链轮转过的齿数 z_1n_1 与从动链轮转过的齿数 z_2n_2 相等，即：

$$z_1n_1=z_2n_2 \quad 或 \quad \frac{n_1}{n_2}=\frac{z_2}{z_1}$$

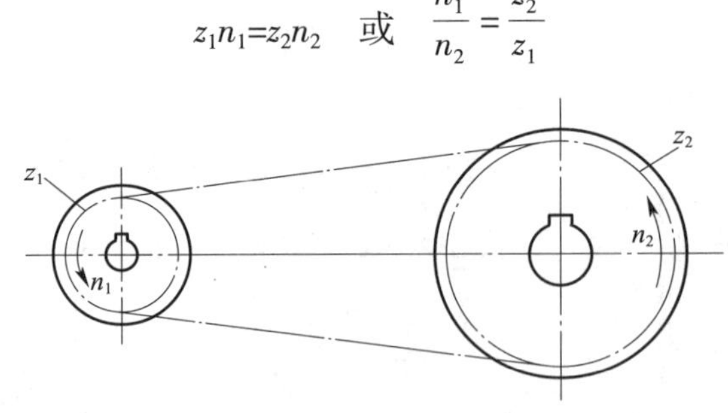

图 2–19　链传动的传动比

主动链轮的转速 n_1 与从动链轮的转速 n_2 之比称为链传动的传动比，表达式为：

$$i_{12}=\frac{n_1}{n_2}=\frac{z_2}{z_1}$$

式中　n_1、n_2——主、从动链轮的转速，r/min；

z_1、z_2——主、从动链轮的齿数。

2. 链传动的应用特点

链传动的传动比是恒定的。链传动的传动比一般为 $i \leqslant 8$，低速传动时 i 可达 10；两轴中心距 a 可达 5 ~ 6 m；传动功率 $P \leqslant 100$ kW；链条速度 $v \leqslant 15$ m/s，高速时可达 20 ~ 40 m/s。与带传动相比，链传动具有以下特点：

（1）优点

1）能保证准确的平均传动比。

2）传动功率大；传动效率高，一般可达 0.95 ~ 0.98。

3）可用于两轴中心距较大的场合。

4）能在低速、重载和高温条件下，以及粉尘、淋水、淋油等不良环境中工作。

5）作用在轴和轴承上的力小。

（2）缺点

1）由于链节的多边形运动，所以瞬时传动比是变化的，链的瞬时速度不是常数，传动中会产生动载荷和冲击，因此，不宜用于要求精密传动的机械。

2）链条的铰链磨损后，使链条节距变大，传动中链条容易脱落。

3）工作时有噪声，对安装和维护要求较高，无过载保护作用。

3. 套筒滚子链传动

（1）套筒滚子链

常用的套筒滚子链主要有单排链、双排链和三排链三种结构形式（见图 2–20）。链条中的零件由碳素钢或合金钢制造，并经表面淬火处理，强度、硬度及耐磨性好。滚子链的承载能力与排数成正比，但排数越多，各排受力越不均匀，所以排数不能过多。

a）　b）　c）

图 2–20　套筒滚子链

a）单排链　b）双排链　c）三排链

如图 2–21 所示为单排滚子链结构，它由内链板 1、外链板 2、销轴 3、套筒 4、滚子 5 等组成。销轴 3 与外链板 2、套筒 4 与内链板 1 之间分别采用过盈配合连接，而销轴 3 与套筒 4、滚子 5 与套筒 4 之间则为间隙配合，以保证链节屈伸时，内链板 1 与外链板 2 之间能相对转动，滚子 5 与套筒 4、套筒 4 与销轴 3 之间可以自由转动。当链条与链轮啮合时，滚子与链轮轮齿相对滚动，两者之间主要是滚动摩擦，从而减少了链条和链轮轮齿的磨损。

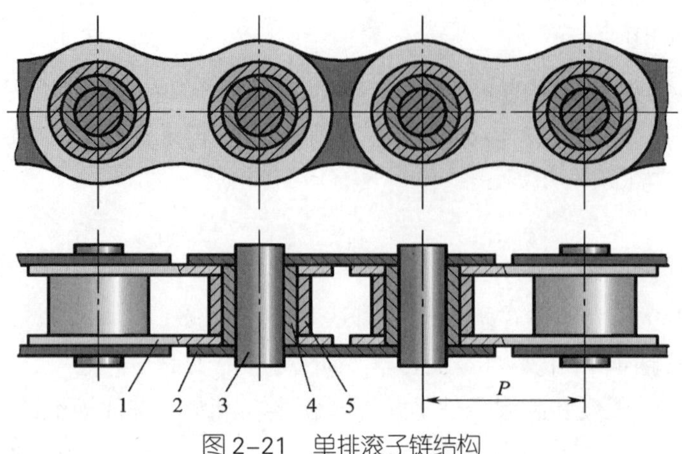

图 2–21　单排滚子链结构
1—内链板　2—外链板　3—销轴　4—套筒　5—滚子

（2）套筒滚子链链轮

套筒滚子链链轮要与链配套，也分为单排、双排和三排等，如图 2–22 所示。套筒滚子链链轮的轮齿形状如图 2–23 所示。

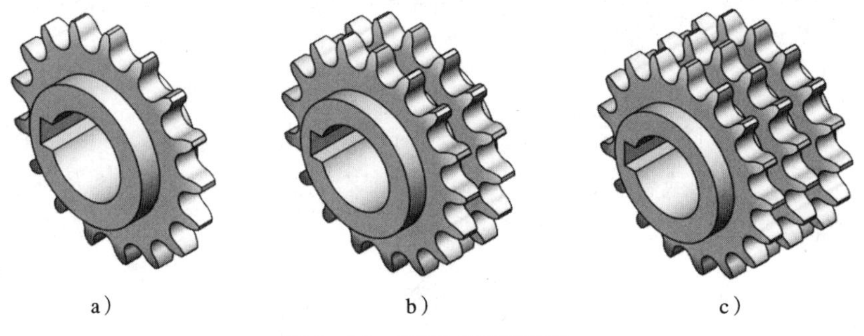

图 2–22　套筒滚子链链轮
a）单排　b）双排　c）三排

为保证传动平稳，减少冲击和动载荷，小链轮齿数不宜过少，一般应大于 17。大链轮齿数不宜过多，齿数过多除了增大传动尺寸和质量外，还会出现跳齿和脱链等现象，大链轮齿数一般应小于 120。由于链节数常取偶数，为使链条与链轮轮齿磨损均匀，链轮齿数一般应取与链节数互为质数的奇数。

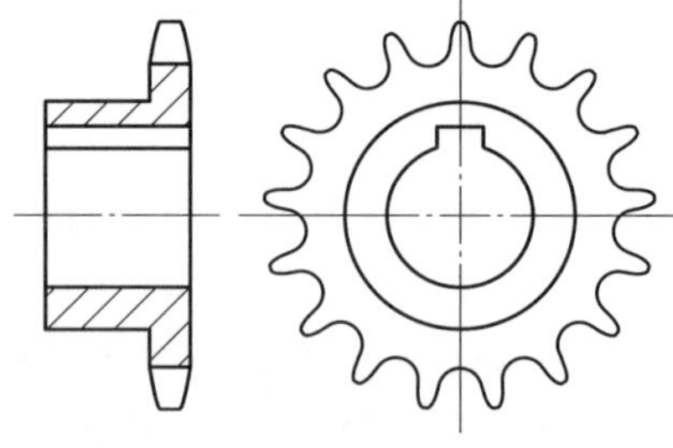
图 2–23　套筒滚子链链轮的轮齿形状

第3节　螺纹连接和螺旋传动

一、螺纹基本知识

1. 螺旋线的概念

圆柱（或圆锥）面上一动点绕圆柱（或圆锥）轴线做等速转动的同时，又沿圆柱（或圆锥）母线做等速直线运动，形成的复合运动轨迹称为螺旋线，如图2–24所示为在圆柱表面上形成的螺旋线。螺旋线有右旋和左旋之分，当圆柱（或圆锥）轴线直立时，右旋螺旋线的可见部分自左向右升高（见图2–24a）；左旋螺旋线则自右向左升高（见图2–24b）。

2. 螺纹的形成

某一平面图形（如三角形、梯形、锯齿形等）沿圆柱（或圆锥）表面上的螺旋线运动，形成的具有相同断面的连续凸起和沟槽称为螺纹。螺纹是零件上一种常见的标准结构要素，在圆柱（或圆锥）外表面上形成的螺纹称为外螺纹，在圆柱（或圆锥）内表面上形成的螺纹称为内螺纹。螺纹的结构如图2–25所示。

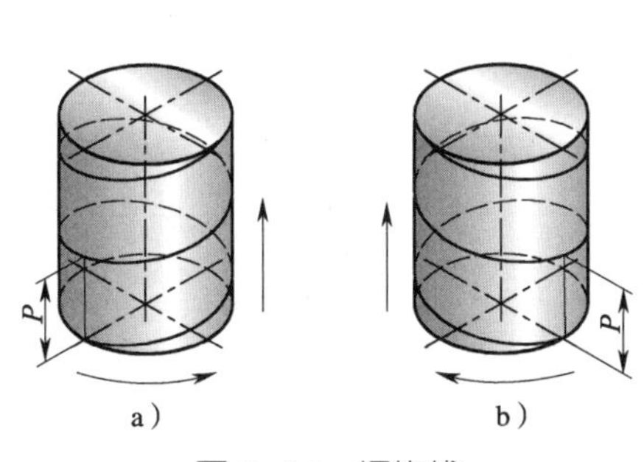

图2–24　螺旋线
a）右旋　b）左旋

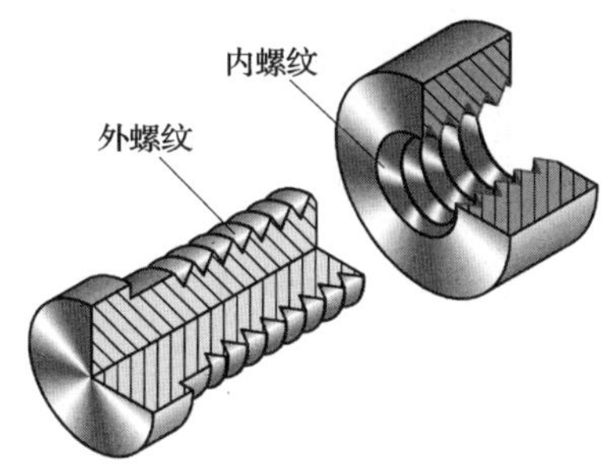

图2–25　螺纹的结构

3. 螺纹的种类

螺纹的种类很多，常见的有普通螺纹、管螺纹和传动螺纹等。在通过螺纹轴线的断面上，螺纹的轮廓形状称为螺纹牙型，常见的螺纹牙型有三角形、梯形、锯齿形等。常见螺纹的种类、特征代号和牙型见表2–2。

4. 螺纹的主要几何参数

螺纹的主要几何参数有大径、小径、中径、公称直径、线数、螺距、导程、旋向、螺纹升角、牙型角与牙侧角等。

（1）螺纹大径

螺纹大径是指与外螺纹牙顶或内螺纹牙底相切的假想圆柱（或圆锥）面的直径，外螺纹大径用d表示，内螺纹大径用D表示，如图2–26所示。

表 2-2　常见螺纹的种类、特征代号和牙型

种类			特征代号	牙型及牙型角（或牙侧角）
普通螺纹	粗牙普通螺纹		M	60°
	细牙普通螺纹			
管螺纹	55° 非密封管螺纹		G	55°
	55° 密封管螺纹	圆柱内螺纹	Rp	
		与圆柱内螺纹配合的圆锥外螺纹	R_1	
		圆锥内螺纹	Rc	
		与圆锥内螺纹配合的圆锥外螺纹	R_2	
传动螺纹	梯形螺纹		Tr	30°
	锯齿形螺纹		B	30° 3°
	矩形螺纹			

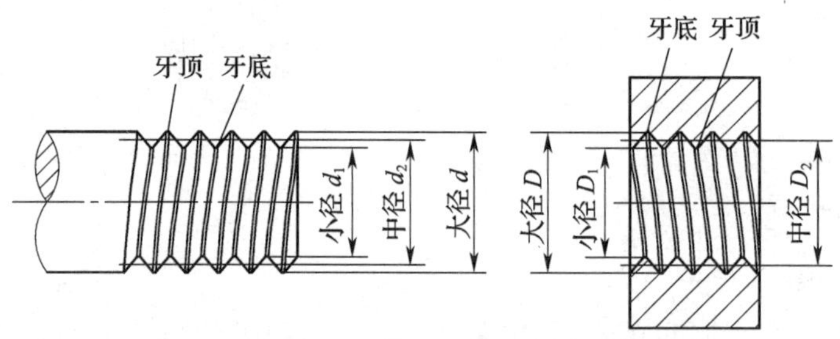

图 2–26　螺纹的几何参数

（2）螺纹小径

螺纹小径是指与外螺纹牙底或内螺纹牙顶相切的假想圆柱（或圆锥）面的直径，外螺纹小径用 d_1 表示，内螺纹小径用 D_1 表示，如图 2–26 所示。

（3）螺纹中径

螺纹中径是指一个假想圆柱（或圆锥）面的直径，该圆柱（或圆锥）面的母线通过牙型上沟槽和凸起宽度相等的地方。外螺纹中径用 d_2 表示，内螺纹中径用 D_2 表示，如图 2–26 所示。

（4）公称直径

公称直径是指代表螺纹规格大小的直径。除管螺纹外，公称直径是指螺纹的大径。

（5）线数

螺纹的线数是指螺纹的螺旋线数量，沿一条螺旋线形成的螺纹称为单线螺纹，如图 2–27a 所示；沿两条或两条以上螺旋线形成的螺纹称为多线螺纹，图 2–27b 所示为双线螺纹。

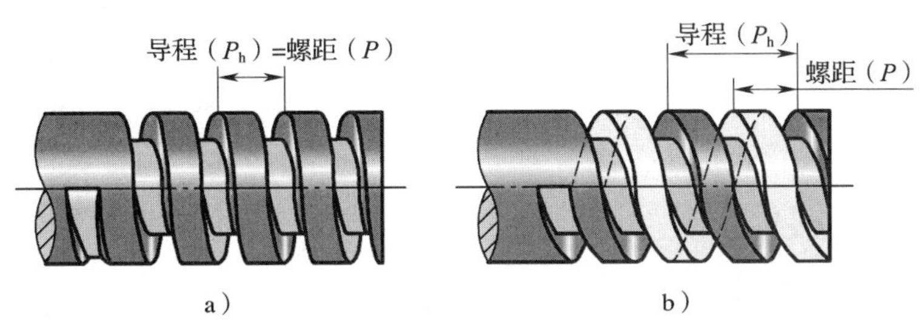

图 2–27　螺纹的线数

a）单线螺纹　b）双线螺纹

（6）螺距

螺距是螺纹相邻两牙两对应点之间的轴向距离，用 P 表示，如图 2–27 所示。

（7）导程

导程是同一条螺旋线上相邻两牙两对应点之间的轴向距离，用 P_h 表示，如图 2–27 所示。

螺距、导程、线数之间的关系是：导程 P_h= 螺距 P× 线数 n。

对于单线螺纹：导程 P_h= 螺距 P。

（8）旋向

螺纹旋向分右旋、左旋两种，沿右旋螺旋线形成的螺纹为右旋螺纹，沿左旋螺旋线形成的螺纹为左旋螺纹。右旋螺杆旋入螺孔时沿顺时针方向旋转；左旋螺杆旋入螺孔时沿逆时针方向旋转。当螺纹的轴线竖直放置时，右旋螺纹的可见部分自左向右升高，左旋螺纹的可见部分则自右向左升高。

（9）螺纹升角

螺纹升角是指在螺纹中径的圆柱面上，螺纹的切线与垂直于螺纹轴线的平面间的夹角（见图 2–28），用 φ 表示，由几何关系可知

$$\tan\varphi=\frac{P_h}{\pi d_2}=\frac{nP}{\pi d_2}$$

（10）牙型角与牙侧角

在螺纹牙型上，两相邻牙侧间的夹角称为牙型角，用 α 表示；在螺纹牙型上，一个牙侧与垂直于螺纹轴线的平面间的夹角称为牙侧角，用 β_1 或 β_2 表示，如图 2–29 所示。常见螺纹的牙型角与牙侧角见表 2–2。

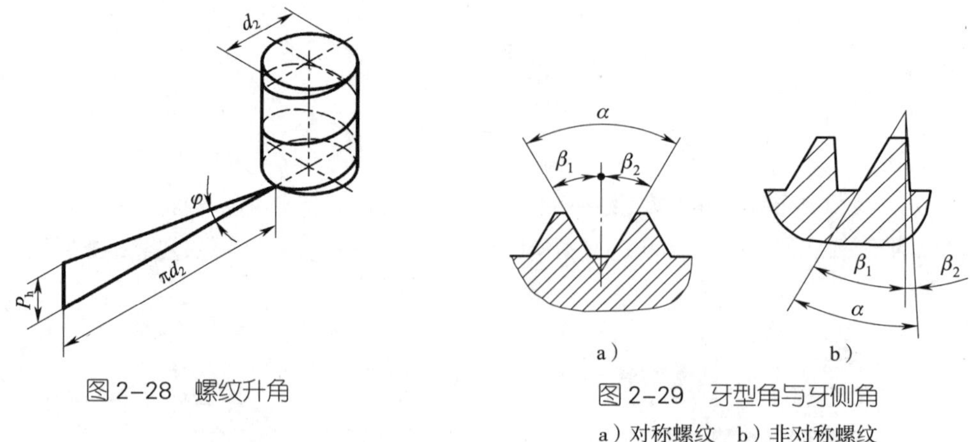

图 2–28　螺纹升角

图 2–29　牙型角与牙侧角

a）对称螺纹　b）非对称螺纹

二、螺纹连接件

常用的螺纹连接件有螺栓、螺母、双头螺柱、螺钉和垫圈等，其结构和标记示例见表 2–3。

表 2–3　常用螺纹连接件的结构和标记示例

名称	结构	规格尺寸	标记示例
六角头螺栓		l　d	螺栓　GB/T 5780　M12×50 表示：C 级六角头螺栓，规格尺寸为螺纹大径 d=12 mm、公称长度 l=50 mm
双头螺柱		l　d	螺柱　GB/T 899　M12×50 表示：双头螺柱，规格尺寸为螺纹大径 d=12 mm、公称长度 l=50 mm
开槽圆柱头螺钉		l　d	螺钉　GB/T 65　M12×50 表示：开槽圆柱头螺钉，规格尺寸为螺纹大径 d=12 mm、公称长度 l=50 mm
内六角圆柱头螺钉		l　d	螺钉　GB/T 70.1　M10×35 表示：内六角圆柱头螺钉，规格尺寸为螺纹大径 d=10 mm、公称长度 l=35 mm

续表

名称	结构	规格尺寸	标记示例
十字槽沉头螺钉	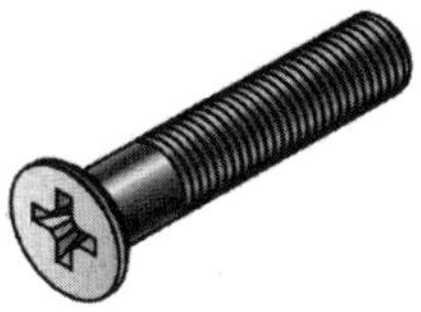	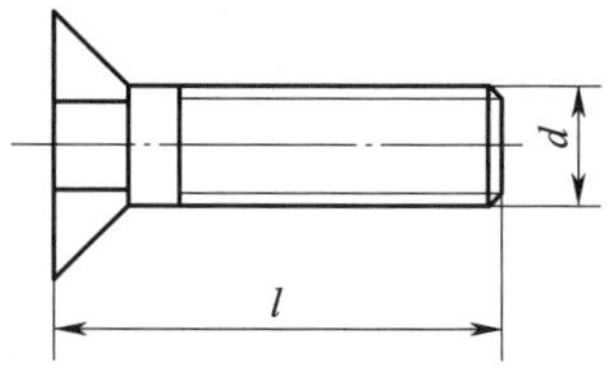	螺钉 GB/T 819.1 M6×20 表示：十字槽沉头螺钉，规格尺寸为螺纹大径 d=6 mm、公称长度 l=20 mm
开槽锥端紧定螺钉		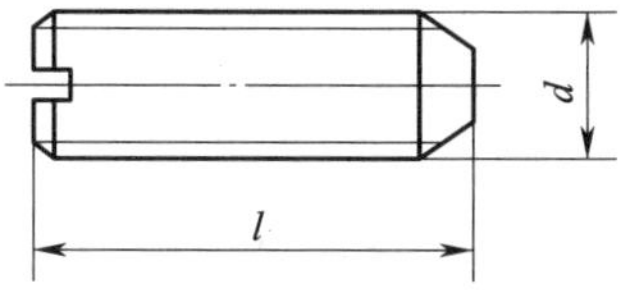	螺钉 GB/T 71 M6×15 表示：开槽锥端紧定螺钉，规格尺寸为螺纹大径 d=6 mm、公称长度 l=15 mm
六角螺母	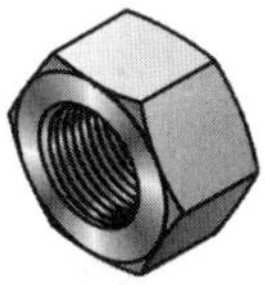	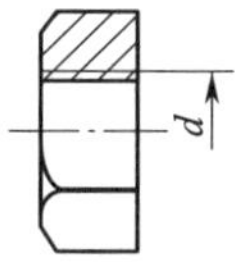	螺母 GB/T 6170 M12 表示：A 级Ⅰ型六角螺母，规格尺寸为螺纹大径 d=12 mm
六角开槽螺母		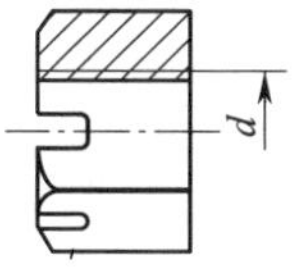	螺母 GB/T 6179 M16 表示：C 级Ⅰ型六角开槽螺母，规格尺寸为螺纹大径 d=16 mm
平垫圈		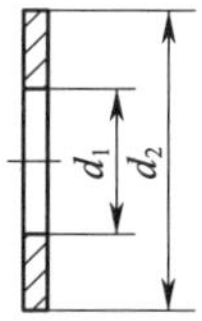	垫圈 GB/T 95 10 表示：C 级平垫圈，公称尺寸为与其配套使用的螺栓或螺母的螺纹大径 d=10 mm（d_1 和 d_2 可从国家标准中查得）
弹簧垫圈	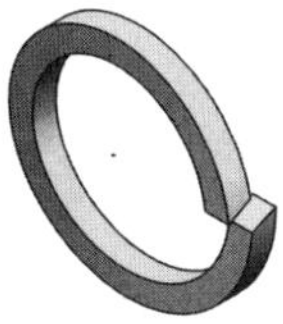	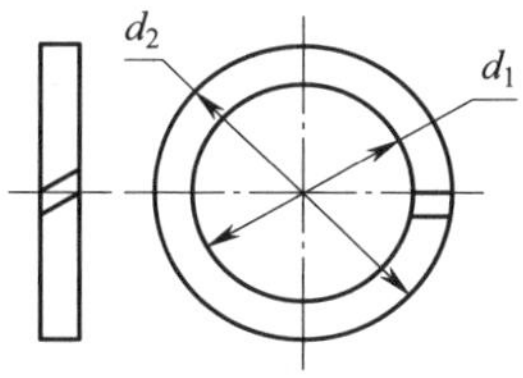	垫圈 GB/T 93 10 表示：标准型弹簧垫圈，公称尺寸为与其配套使用的螺栓或螺母的螺纹大径 d=10 mm（d_1 和 d_2 可从国家标准中查得）

三、螺纹连接的类型和应用

螺纹连接在生产实践中应用很广，常见的螺纹连接有螺栓连接、双头螺柱连接、螺钉连接和紧定螺钉连接四种类型，其结构及特点和应用见表 2-4。

表 2-4　螺纹连接的结构及特点和应用

类型	图示	结构及特点	应用
螺栓连接	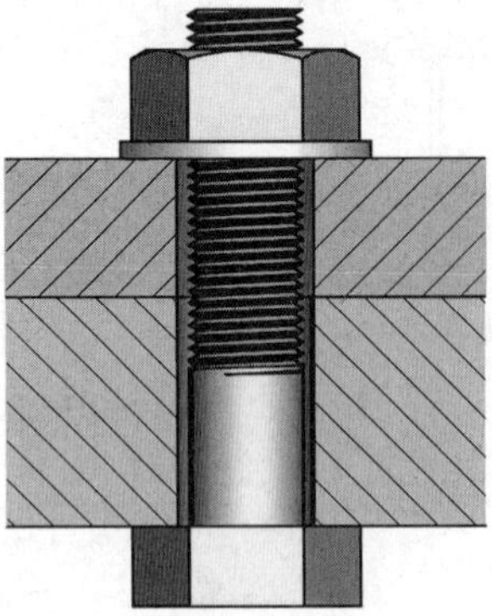	螺栓穿过两被连接件上的通孔并加螺母紧固。结构简单，装拆方便，成本低，应用广泛	用于两被连接件上均为通孔且有足够装配空间的场合
双头螺柱连接	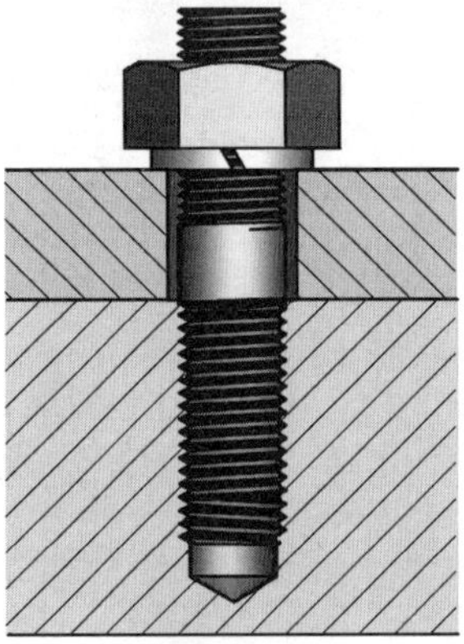	双头螺柱的两端均有螺纹，螺柱的旋入端靠螺纹配合的过盈及螺纹尾部的台阶（或螺尾最后几圈较浅的螺纹）拧紧在被连接件之一的螺纹孔中，装上另一个被连接件后，加垫圈并用螺母紧固。拆卸上侧连接件时，只需拧下螺母，故被连接件上的螺纹不易损坏	用于受结构限制或被连接件之一为不通孔并需经常拆卸的场合
螺钉连接	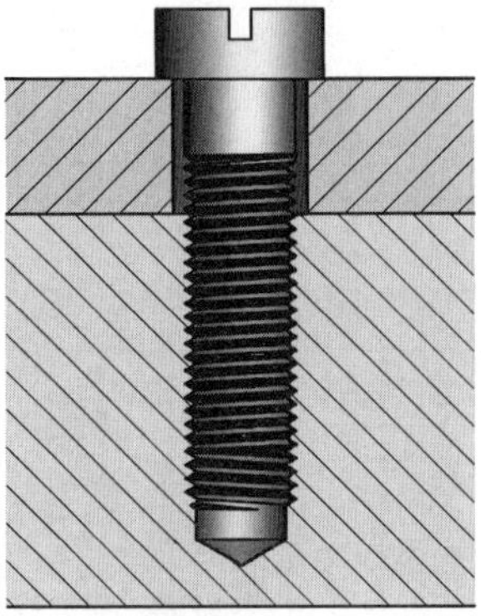	螺钉（也可以是螺栓）穿过一个被连接件上的通孔而直接拧入另一个被连接件的螺纹孔内并紧固。若经常拆卸，被连接件上的螺纹易损坏	用于被连接件之一较厚，不便加工通孔，且不必经常拆卸的连接
紧定螺钉连接	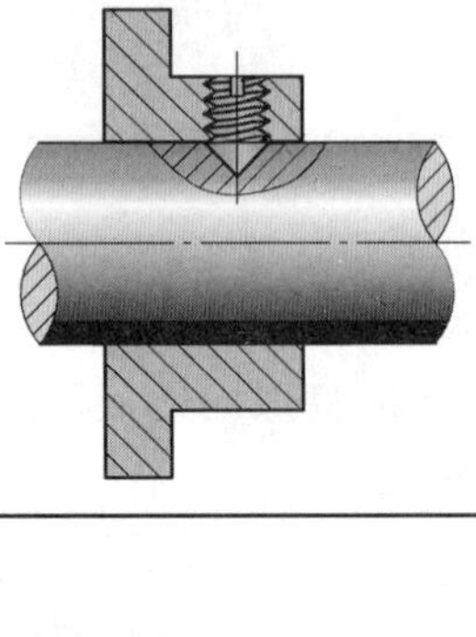	紧定螺钉拧入一个被连接件上的螺纹孔并用其端部顶紧另一个被连接件	用于固定两被连接件的相互位置，并可传递不大的力或转矩

四、螺旋传动

螺旋传动是利用螺杆（丝杠）和螺母组成的螺旋副来实现传动的。螺旋传动具有结构简单，工作连续、平稳，承载能力强，传动精度高等优点，广泛应用于各种机械和仪器中。

如图 2–30 所示为桌虎钳，用于夹持小型工件。旋转固定手柄 8，通过固定丝杆 9 与固定座 7 之间的螺旋传动使固定丝杆 9 上移，将桌虎钳夹紧在桌面上。旋转夹紧手柄 1，使夹紧螺杆 2 旋转，通过螺旋传动使活动钳身 5 移动，从而夹紧或松开工件。

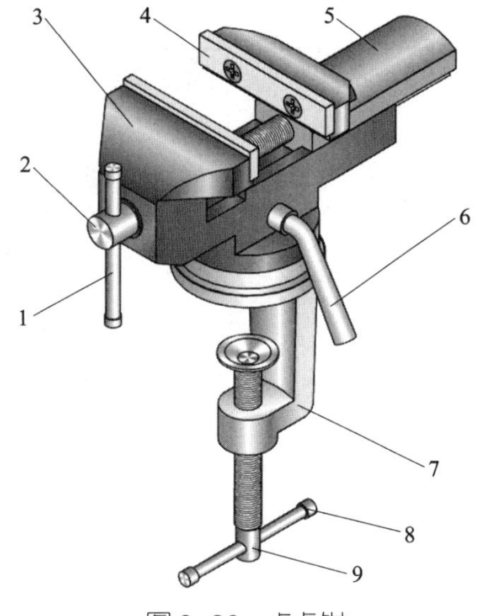

图 2–30 桌虎钳

1—夹紧手柄 2—夹紧螺杆 3—固定钳身 4—钳口板 5—活动钳身 6—连接手柄 7—固定座 8—固定手柄 9—固定丝杆

常用螺旋传动有普通螺旋传动、差动螺旋传动和滚动螺旋传动等。

1. 普通螺旋传动

由一个螺杆和一个螺母组成的简单螺旋副实现的传动称为普通螺旋传动。

（1）普通螺旋传动的形式

普通螺旋传动的形式可以分为单动螺旋传动和双动螺旋传动两类。

1）单动螺旋传动

单动螺旋传动是指螺杆或螺母有一件不动，另一件既旋转又移动的传动。其中一种形式是螺母不动，螺杆回转并做直线运动；另一种形式是螺杆不动，螺母旋转并做直线运动。单动螺旋传动的运动形式见表 2–5。

表 2–5 单动螺旋传动的运动形式

运动形式	应用实例	工作过程
螺母固定不动，螺杆回转并做直线运动	固定座 压紧盘 螺杆 手柄 桌虎钳底座夹紧装置	当螺杆做回转运动时，螺杆连同其上的压紧盘向上运动，将桌虎钳固定在桌面上；或向下运动，以便将桌虎钳从桌面上拆下

续表

运动形式	应用实例	工作过程
螺杆固定不动，螺母回转并做直线运动	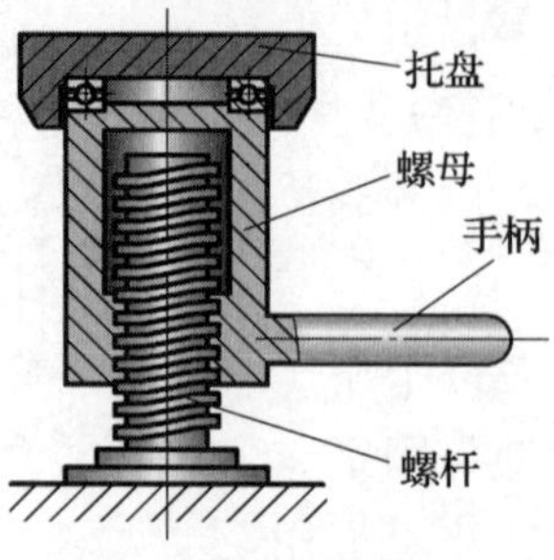 托盘 螺母 手柄 螺杆 螺旋千斤顶	螺杆连接在底座上固定不动，转动手柄使螺母回转，并做上升或下降的直线移动，从而举起或放下托盘

2）双动螺旋传动

双动螺旋传动是指螺杆和螺母都做运动的螺旋传动。其中一种形式是螺杆原位回转，螺母做直线运动；另一种形式是螺母原位回转，螺杆做往复直线运动。双动螺旋传动的运动形式见表 2–6。

（2）普通螺旋传动运动方向的判定

在普通螺旋传动中，螺杆或螺母的移动方向可用左、右手法则判定。具体方法如下：

1）左旋螺纹用左手判断，右旋螺纹用右手判断。

表 2–6　双动螺旋传动的运动形式

运动形式	应用实例	工作过程
螺杆回转，螺母做直线运动	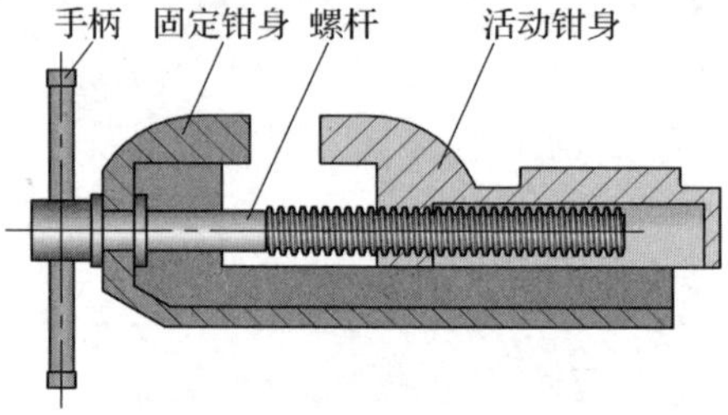 手柄 固定钳身 螺杆 活动钳身	转动手柄时，螺杆与手柄一起旋转，使活动钳身（螺母）做横向往复运动，从而实现对工件的夹紧和松开
螺母回转，螺杆做直线运动	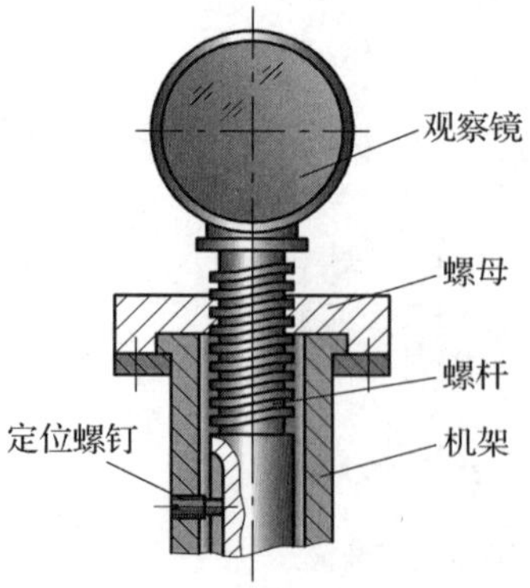 观察镜 螺母 螺杆 定位螺钉 机架	螺母做回转运动时，螺杆带动观察镜向上或向下移动，从而实现对观察镜的上下调整

2）弯曲四指，其指向与螺杆（或螺母）回转方向相同。

3）大拇指与螺杆轴线方向一致。

4）若为单动，大拇指的指向即为螺杆（或螺母）的移动方向；若为双动，则与大拇指指向相反的方向即为螺杆（或螺母）的移动方向，见表 2–7。

表 2–7　普通螺旋传动螺杆（或螺母）移动方向的判定

传动形式	应用实例	
单动螺旋传动	图示	活动钳身 固定钳身 螺杆 螺母
	移动方向判定	图示为一种台虎钳的夹紧机构，固定钳身与螺母固连为一体。螺杆相对固定钳身回转并做直线运动。该机构属于螺杆既做旋转运动又做直线运动的单动螺旋传动。根据图示可判断螺纹的旋向为右旋，所以用右手法则判定。当螺杆按箭头所示方向旋转时，螺杆向右移动，带动活动钳身夹紧工件
双动螺旋传动	图示	床鞍 丝杠 开合螺母
	移动方向判定	图示为车床丝杠、螺母的螺旋传动机构，丝杠安装在床身上，只能做旋转运动，床鞍与开合螺母连为一体，沿导轨做直线运动。该机构属于螺杆回转、螺母做直线运动的双动螺旋传动。根据图示可判断旋向为右旋，所以用右手法则判定。当螺杆按箭头所示方向旋转时，床鞍向拇指的反方向移动，即向左移动

2. 差动螺旋传动

差动螺旋传动是指由在同一螺杆上具有两个不同导程（或旋向）的螺旋副组成的传动。根据传动中两螺旋副的旋向，可分为旋向相同的差动螺旋传动和旋向相反的差动螺旋传动两种形式。

（1）旋向相同的差动螺旋传动

旋向相同的差动螺旋传动是指螺杆上两螺纹（固定螺母与活动螺母）旋向相同而螺距不同的传动。如图 2–31 所示，螺杆上有两段螺纹（导程分别为 P_{h1} 和 P_{h2}），分别与固定螺母（机架）和活动螺母组成两个螺旋副，这两个螺旋副组成的传动，使活动

螺母与螺杆产生不一致的轴向移动。

（2）旋向相反的差动螺旋传动

旋向相反的差动螺旋传动是指螺杆上两螺纹旋向相反的传动，如图 2–32 所示。

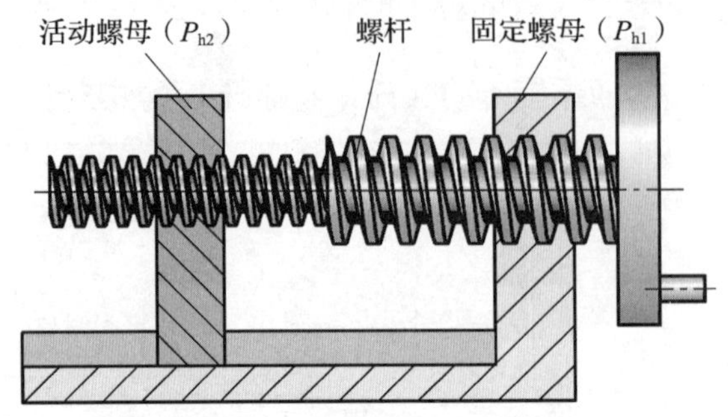

图 2–31　旋向相同的差动螺旋传动

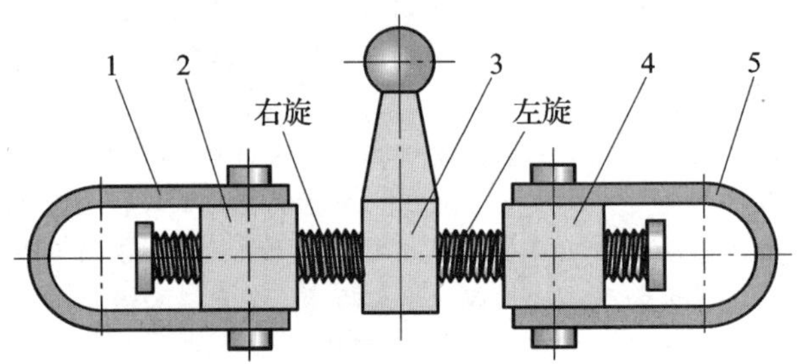

图 2–32　旋向相反的差动螺旋传动

1、5—拉环　2、4—带销轴的螺母块　3—带手柄的螺杆

3. 滚动螺旋传动

在普通螺旋传动中，由于螺杆与螺母牙侧表面之间是滑动摩擦，因此，传动阻力大，摩擦损失严重，效率低。为了改善螺旋传动的性能，可采用滚动螺旋传动，用滚动摩擦来代替滑动摩擦。

滚动螺旋传动主要由滚珠、螺杆、螺母组成，如图 2–33 所示。当螺杆或螺母转动时，滚动体在螺杆与螺母间的螺纹滚道内滚动，螺杆与滚珠、滚珠与螺母间为滚动摩擦，从而提高传动效率和传动精度。

滚动螺旋传动具有摩擦阻力小、摩擦损失小、传动效率高、传递运动平稳、运动灵敏等优点。但其结构复杂、外形尺寸较大、制造技术要求高，因此成本也较高。目前主要应用于精密传动的数控机床，以及自动控制装置、升降机构、精密测量仪器、车辆转向机构等对传动精度要求较高的场合。

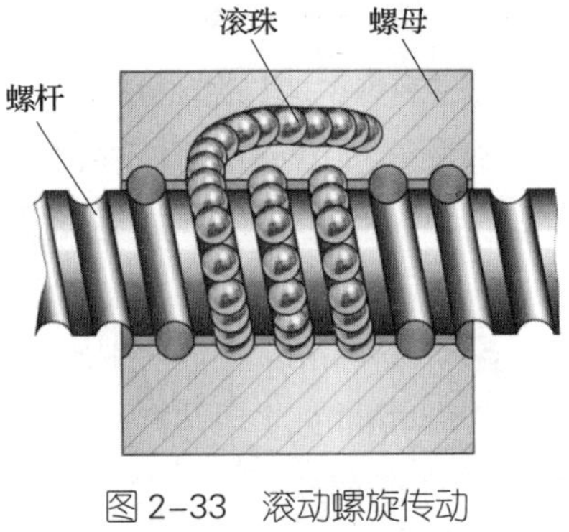

滚珠　螺母　螺杆

图 2–33　滚动螺旋传动

第4节　齿轮传动与蜗杆传动

一、齿轮传动简述

齿轮传动是利用齿轮副来传递运动和（或）动力的一种机械传动，可以用来传递空间任意两轴间的运动，而且传动准确可靠，效率高。它是机器中传递运动和动力的最主要形式之一。在金属切削机床、工程机械、冶金机械，以及汽车、机械式钟表中都有齿轮传动。齿轮传动是机器中所占比例最大的传动形式，齿轮已成为许多机械设备中不可缺少的传动部件。图 2–34 所示为机械上最常用的齿轮减速器，它通过小齿轮和大齿轮之间的啮合降低轴的转速。

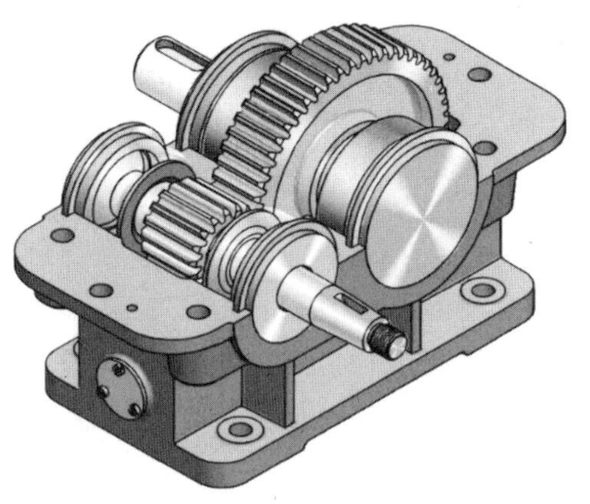

图 2–34　齿轮减速器

1. 齿轮传动的常用类型

齿轮传动的常用类型见表 2–8。

表 2–8　齿轮传动的常用类型

分类方法		类型和图示			
两轴平行	按轮齿方向	类型	直齿圆柱齿轮传动	斜齿圆柱齿轮传动	人字齿圆柱齿轮传动
		图示			

续表

分类方法			类型和图示		
两轴平行	按啮合情况	类型	外啮合齿轮传动	内啮合齿轮传动	齿轮齿条传动
		图示			
两轴不平行		类型	相交轴齿轮传动		交错轴斜齿圆柱齿轮传动
			直齿锥齿轮传动	曲线齿锥齿轮传动	
		图示			

2. 齿轮传动的传动比

齿轮传动由主动齿轮和从动齿轮组成，如图 2–35 所示。若主动齿轮的齿数为 z_1，从动齿轮的齿数为 z_2，主动齿轮每转过一个齿，从动齿轮也转过一个齿。当主动齿轮的转速为 n_1、从动齿轮的转速为 n_2 时，单位时间内主动齿轮转过的齿数 n_1z_1 与从动齿轮转过的齿数 n_2z_2 应相等，即：

$$n_1z_1=n_2z_2$$

得到齿轮传动的传动比：

$$i_{12}=\frac{n_1}{n_2}=\frac{z_2}{z_1}$$

式中　n_1、n_2——主、从动齿轮的转速，r/min；

z_1、z_2——主、从动齿轮的齿数。

上式说明：齿轮传动的传动比是主动齿轮转速与从动齿轮转速之比，也等于两齿轮齿数之反比。

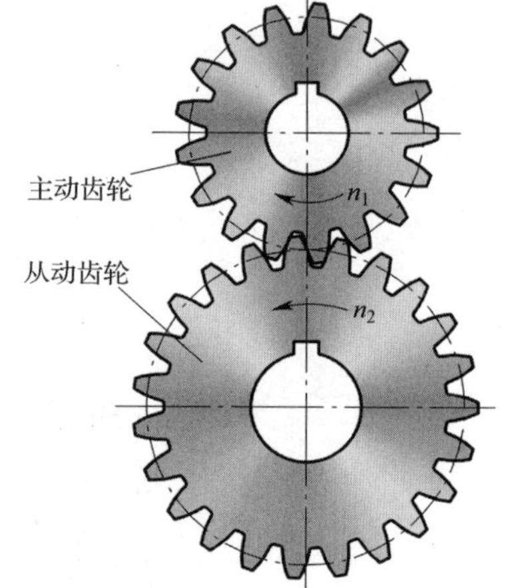

图 2–35　齿轮传动的组成

3. 齿轮传动的应用特点

（1）优点

1）能保证瞬时传动比恒定，工作可靠性高，传递运动准确，这是齿轮传动被广泛应用的最主要原因之一。

2）传递功率和圆周速度范围较宽，传递功率可高达 5×10^4 kW，圆周速度可达 300 m/s。

3）结构紧凑，可实现较大的传动比。

4）传动效率高，使用寿命长，维护简便。

（2）缺点

1）运转过程中有振动、冲击和噪声。

2）对齿轮的安装精度要求较高。

3）不能实现无级变速。

4）不适用于中心距较大的场合。

二、外啮合直齿圆柱齿轮传动

1. 渐开线齿轮

如图 2–36 所示，在某平面上，动直线 *AB* 沿一固定圆做纯滚动，此动直线 *AB* 上任意一点 *K* 的运动轨迹 *CK* 称为该圆的渐开线，该圆称为渐开线的基圆，基圆半径用 r_b 表示，直线 *AB* 称为渐开线的发生线。

以同一个基圆上产生的两条反向渐开线为齿廓的齿轮就是渐开线齿轮，如图 2–37 所示。它能保证瞬时传动比的恒定，保证了传动的平稳性，减小了振动和冲击。

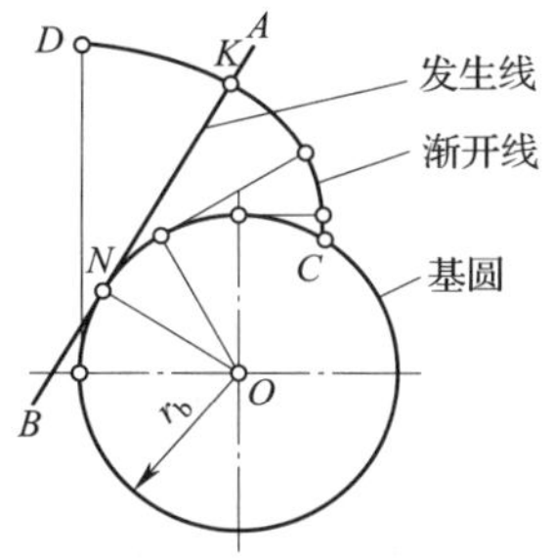

图 2–36 渐开线的形成

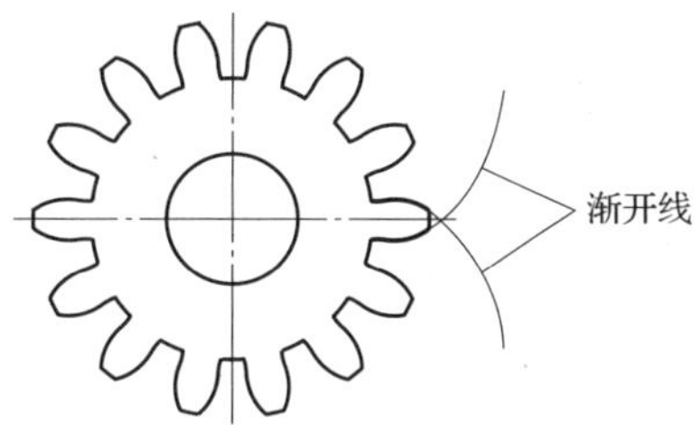

图 2–37 渐开线齿廓

2. 渐开线标准直齿圆柱齿轮各部分名称

如图 2–38 所示为渐开线标准直齿圆柱齿轮，其各部分名称及代号见表 2–9。

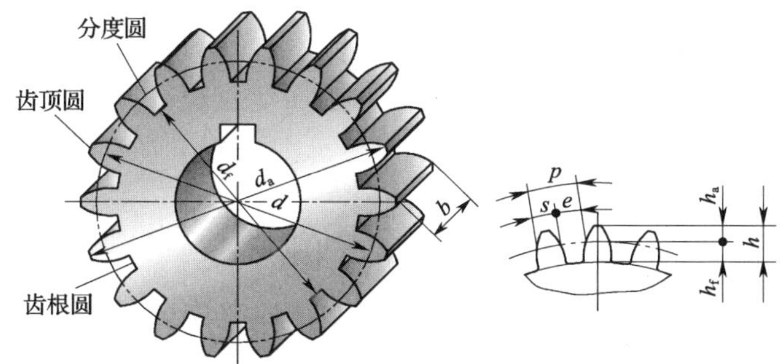

图 2–38 渐开线标准直齿圆柱齿轮

第2章 机械传动

表 2-9　渐开线标准直齿圆柱齿轮各部分名称及代号

名称	定义	代号
齿厚	在任意圆周上同一个轮齿的两侧端面齿廓之间的弧长	s
齿槽宽	齿轮上相邻两轮齿之间的空间称为齿槽。在任意圆周上同一齿槽的两侧齿廓之间的弧长称为齿槽宽	e
齿顶圆	各轮齿顶部所连成的圆	d_a（齿顶圆直径）
齿根圆	各齿槽底部所连成的圆	d_f（齿根圆直径）
分度圆	为了设计、制造方便，在齿顶圆与齿根圆之间规定了一个圆，作为计算齿轮各部分尺寸的基准。在标准齿轮上，分度圆上的齿厚 s 与齿槽宽 e 相等	d（分度圆直径）
齿距	在任意圆周上，两个相邻而同侧的端面齿廓之间的弧长	p
齿宽	齿轮的有齿部位沿分度圆柱面的母线方向度量的宽度	b
齿顶高	齿顶圆与分度圆之间的径向距离	h_a
齿根高	齿根圆与分度圆之间的径向距离	h_f
齿高	齿顶圆与齿根圆之间的径向距离	h

3. 渐开线标准直齿圆柱齿轮的基本参数

（1）压力角

在齿轮传动中，齿廓上某点所受正压力的方向（即齿廓上该点法向）与速度方向线之间所夹的锐角称为压力角。如图 2-39 所示，K 点的压力角为 α_K。

渐开线齿廓上各点的压力角是不相等的，K 点离基圆越远，压力角越大，基圆上的压力角为 0°。一般情况下所说的齿轮的压力角是指分度圆上的压力角，用 α 表示，其大小可用下式计算：

$$\cos\alpha = \frac{r_b}{r}$$

式中　α——分度圆上的压力角，（°）；

r_b——基圆半径，mm；

r——分度圆半径，mm。

标准齿轮的压力角 α =20°，在某些特殊场合也允许采用其他值。

（2）模数

齿距 p 除以圆周率 π 所得的商称为模数，用 m 表示，即 $m=p/\pi$，单位为 mm。为了便于齿轮的设计和制造，模数已经标准化，国家标准规定的标准模数系列值见表 2-10。

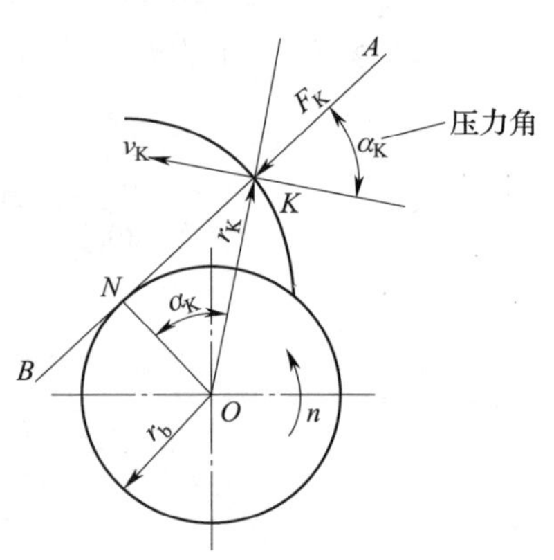

图 2-39　齿轮轮齿的压力角

表 2-10 标准模数系列值（摘自 GB/T 1357—2008） mm

第Ⅰ系列	1	1.25	1.5	2	2.5	3	4	5	6
	8	10	12	16	20	25	32	40	50
第Ⅱ系列	1.125	1.375	1.75	2.25	2.75	3.5	4.5	5.5	（6.5）
	7	9	11	14	18	22	28	36	45

注：优先采用第Ⅰ系列的模数。应尽量避免选用第Ⅱ系列中的模数 6.5 mm。

4. 外啮合标准直齿圆柱齿轮的几何尺寸计算

外啮合标准直齿圆柱齿轮各部分的尺寸都与模数有一定关系，计算公式见表 2-11。

表 2-11 外啮合标准直齿圆柱齿轮的几何尺寸计算公式

名称	代号	计算公式
压力角	α	标准齿轮为 20°
齿数	z	通过传动比计算确定
模数	m	通过计算或结构设计确定
齿厚	s	$s=p/2=\pi m/2$
齿槽宽	e	$e=p/2=\pi m/2$
齿距	p	$p=\pi m$
齿顶高	h_a	$h_a=m$
齿根高	h_f	$h_f=1.25m$
齿高	h	$h=h_a+h_f=2.25m$
分度圆直径	d	$d=mz$
齿顶圆直径	d_a	$d_a=d+2h_a=m(z+2)$
齿根圆直径	d_f	$d_f=d-2h_f=m(z-2.5)$
标准中心距	a	$a=(d_1+d_2)/2=m(z_1+z_2)/2$

三、其他齿轮传动

1. 直齿圆柱内啮合齿轮传动

如图 2-40 所示为直齿圆柱内啮合齿轮，它与外啮合齿轮相比，具有以下不同点：

（1）内啮合齿轮的齿顶圆小于分度圆，齿根圆大于分度圆。

（2）内啮合齿轮的齿廓是内凹的，其齿厚和齿槽宽分别对应于外啮合齿轮的齿槽宽和齿厚。

当要求齿轮传动轴平行，回转方向一致，且传动结构紧凑时，可采用直齿圆柱内啮合齿轮传动，如图 2-41 所示。

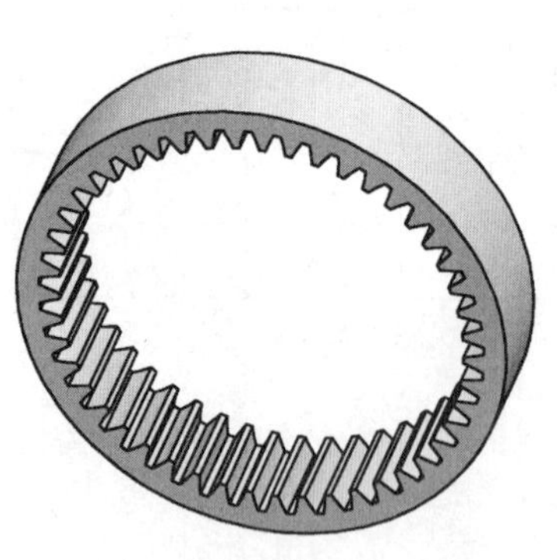
图 2–40　直齿圆柱内啮合齿轮

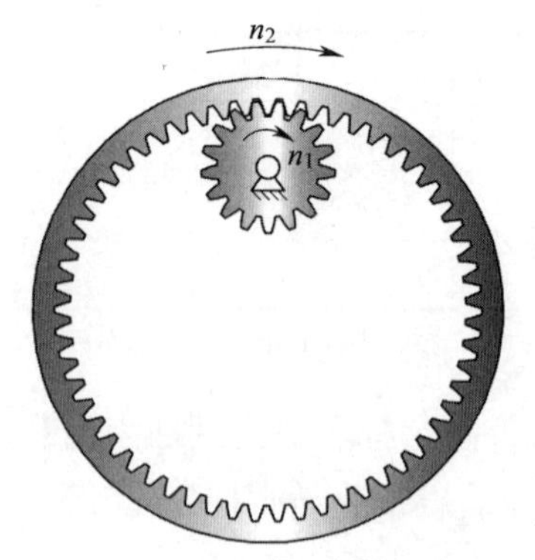

图 2–41　直齿圆柱内啮合齿轮传动

2. 齿轮齿条传动

齿轮齿条传动是齿轮传动的一种特殊组合方式，如图 2–42 所示。齿条就像一个直径无限大的齿轮。齿轮齿条传动可以将齿轮的回转运动转换为齿条的往复直线运动，或将齿条的往复直线运动转换为齿轮的回转运动。

3. 斜齿圆柱齿轮传动

直齿圆柱齿轮的齿廓是沿着一条与轴线平行的直线延伸的，而斜齿圆柱齿轮的齿廓是沿着一条螺旋线形成的，称为渐开线螺旋面，斜齿圆柱齿轮的形状如图 2–43 所示。

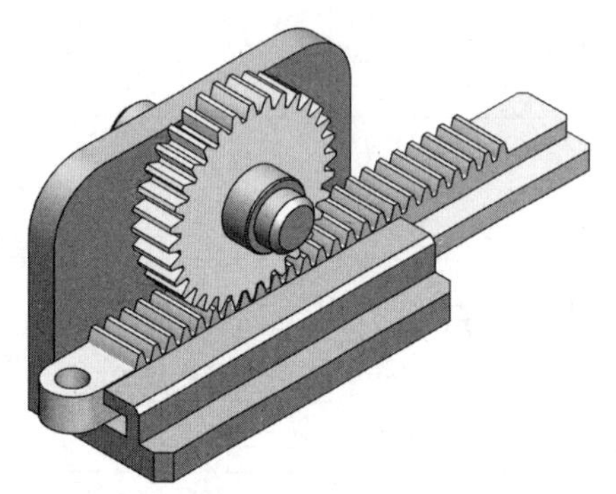
图 2–42　齿轮齿条传动

图 2–43　斜齿圆柱齿轮

与直齿圆柱齿轮传动相比，斜齿圆柱齿轮传动具有以下特点：

（1）同时啮合的轮齿数量要比直齿圆柱齿轮多，承载能力高，可用于大功率传动。

（2）齿廓接触线的长度由零逐渐增长，然后又逐渐缩短，直至脱离接触。从而使轮齿上的载荷逐渐增加，又逐渐卸掉。承载和卸载平稳，冲击、振动和噪声小，可用于高速传动。

（3）由于轮齿倾斜，传动中会产生一个有害的轴向力，增大了传动装置的摩擦损失，且不能用作滑移变速齿轮。

4. 圆锥齿轮传动

圆锥齿轮的轮齿分布在圆锥面上，有直齿、斜齿和曲线齿三种，其中直齿圆锥齿轮应用最广。

直齿圆锥齿轮应用于两轴相交时的传动，两轴间的交角可以任意，在实际应用中多采用两轴互相垂直的传动形式，如图 2–44 所示。

由于圆锥齿轮的轮齿分布在圆锥面上，所以轮齿的尺寸沿着齿宽方向变化，大端轮齿的尺寸大，小端轮齿的尺寸小。为了便于测量，并使测量时的相对误差尽量小，规定以大端参数作为标准参数。

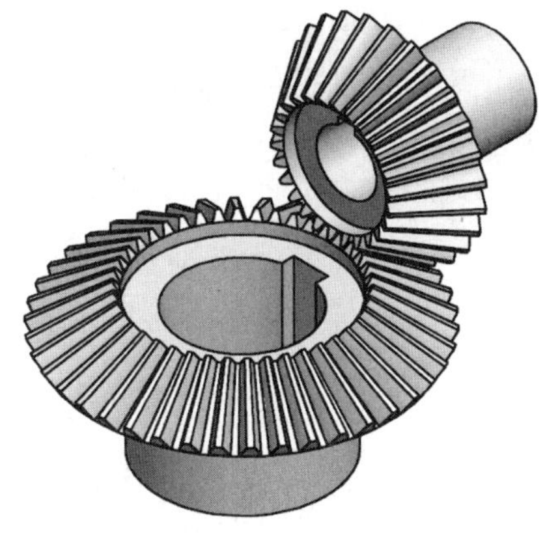

图 2–44　直齿圆锥齿轮传动

四、蜗杆传动

蜗杆传动主要用于传递空间垂直交错两轴间的运动和动力。蜗杆传动具有传动比大、结构紧凑等优点，广泛应用于机床、汽车、仪器、起重运输机械、冶金机械及其他机械设备中。如图 2–45 所示为蜗杆减速器，它采用了蜗杆传动，可以实现较大的传动比。

1. 蜗杆传动的组成

蜗杆传动由蜗杆和蜗轮组成，如图 2–46 所示，通常由蜗杆（主动件）带动蜗轮（从动件）转动。

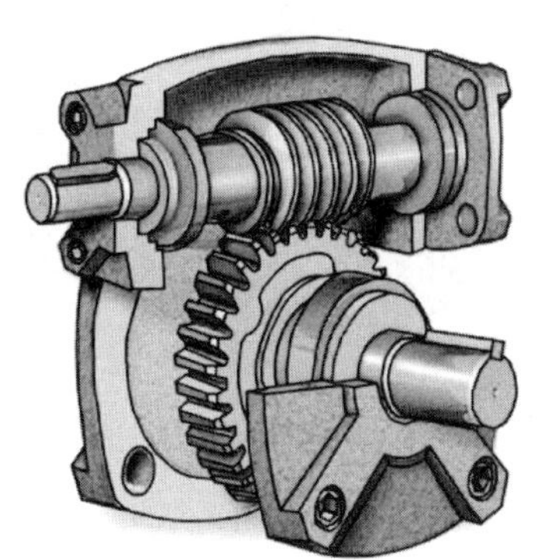

图 2–45　蜗杆减速器

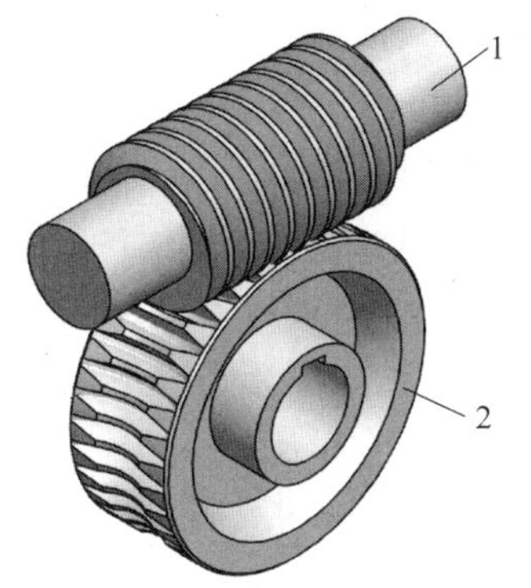

图 2–46　蜗杆传动

1—蜗杆　2—蜗轮

（1）蜗杆

蜗杆传动相当于两轴交错成 90° 的螺旋齿轮传动，只是小齿轮的螺旋角很大，而直径却很小，因而在圆柱面上形成了连续的螺旋面齿，这种只有一个或几个螺旋齿的斜齿轮就是蜗杆。蜗杆的类型很多，如阿基米德圆柱蜗杆、法向直廓圆柱蜗杆、渐开线圆柱蜗杆、锥面包络圆柱蜗杆和圆弧圆柱蜗杆。最常用的蜗杆为阿基米德圆柱蜗杆，其形状如图 2–47 所示，它的轴向齿廓是直线，法面齿廓为渐开线。

（2）蜗轮

与蜗杆组成交错轴齿轮副且轮齿沿着齿宽方向呈内凹弧形的斜齿轮称为蜗轮，如图 2–48 所示。蜗轮一般在滚齿机上用与蜗杆形状和参数相同的滚刀或飞刀加工而成。

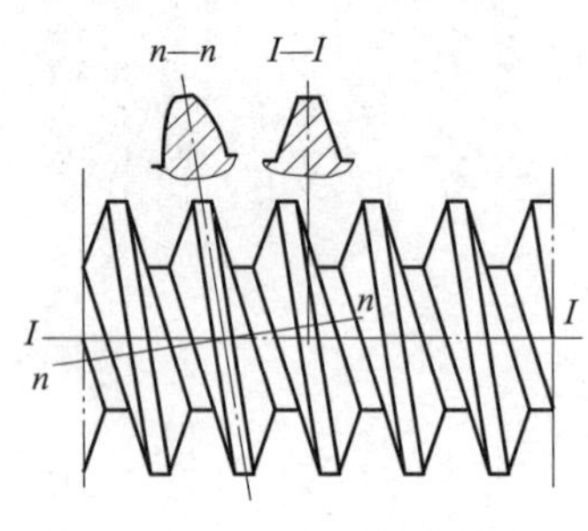

图 2–47　阿基米德圆柱蜗杆

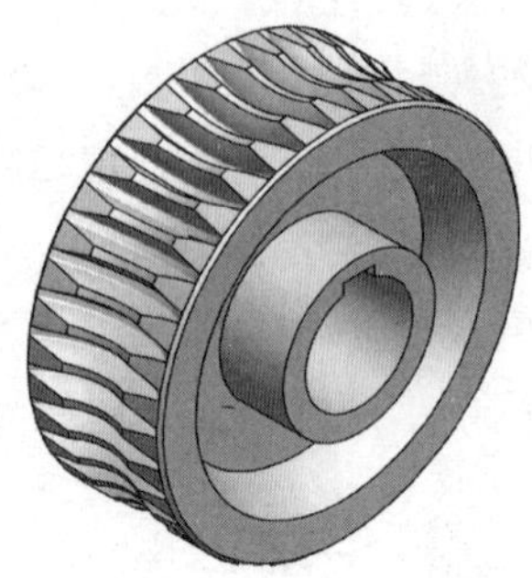
图 2–48　蜗轮

2. 蜗杆传动的特点

蜗杆传动的主要特点是结构紧凑、工作平稳、无噪声、冲击和振动小以及能得到较大的单级传动比。当用来传递动力时，其传动比可为 8 ～ 80；在分度机构中或仅传递运动时，其传动比可达 1 000 或更大。蜗杆传动还能实现自锁。

3. 蜗杆传动的主要参数

在蜗杆传动中，其主要参数及几何尺寸计算均以中平面为准。通过蜗杆轴线并与蜗轮轴线垂直的平面称为中平面，如图 2–49 所示。在此平面内，蜗杆相当于齿条，蜗轮相当于渐开线齿轮，蜗杆与蜗轮的啮合相当于渐开线齿轮与齿条的啮合。国家标准规定，蜗轮和蜗杆都以中平面上的参数作为标准参数。

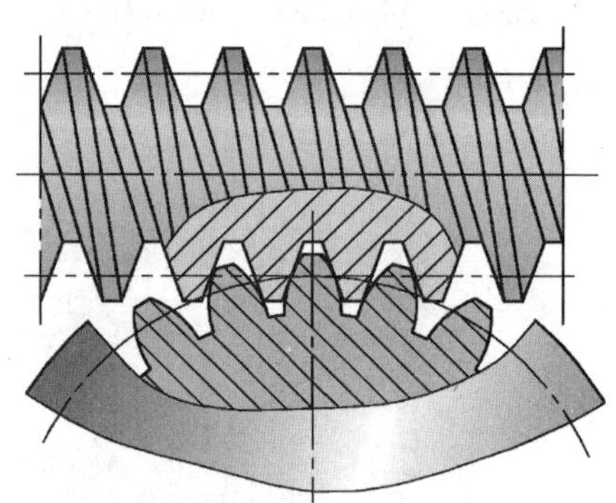
图 2–49　蜗杆传动的中平面

（1）模数 m

为设计和加工方便，规定以蜗杆的轴向模数 m_{x1} 和蜗轮的端面模数 m_{t2} 为标准模数。一对相互啮合的蜗轮蜗杆，蜗杆的轴向模数 m_{x1} 和蜗轮的端面模数 m_{t2} 应相等，即：$m=m_{x1}=m_{t2}$。其数值可由表 2–12 查得。

（2）蜗杆直径系数 q

蜗杆分度圆直径 d_1 与模数 m 之比称为蜗杆直径系数，即：

$$q=\frac{d_1}{m}$$

为了减少加工蜗杆和蜗轮的刀具数目，国家标准在规定模数 m 的同时，对蜗杆分度圆直径 d_1 也进行了规定。标准模数 m 与标准蜗杆分度圆直径 d_1 的搭配及对应的蜗杆直径系数 q 见表 2–12。

表 2-12 常用蜗杆模数与蜗杆直径系数（摘自 GB/T 10085—2018）

模数 m（mm）	蜗杆直径系数 q	蜗杆分度圆直径 d_1（mm）	模数 m（mm）	蜗杆直径系数 q	蜗杆分度圆直径 d_1（mm）
1.25	16	20	4	10	40
	17.92	22.4		17.75	71
1.6	12.5	20	5	10	50
	17.5	28		18	90
2	11.2	22.4	6.3	10	63
	17.75	35.5		17.778	112
2.5	11.2	28	8	10	80
	18	45		17.5	140
3.15	11.27	35.5	10	9	90
	17.778	56		16	160

（3）中心距 a

蜗轮蜗杆两轴中心距 a 与模数 m、蜗杆直径系数 q 以及蜗轮齿数 z_2 之间的关系为

$$a=\frac{d_1+d_2}{2}=\frac{m}{2}(q+z_2)$$

4. 蜗轮回转方向的判定

蜗杆的旋向有左旋和右旋两种，同样，蜗轮也有左旋和右旋之分。

在蜗杆传动中，蜗轮、蜗杆齿的旋向应一致，即同为左旋或右旋。蜗轮的回转方向取决于蜗杆齿的旋向和蜗杆的回转方向，蜗轮、蜗杆齿的旋向及蜗轮回转方向的判定方法见表 2-13。

表 2-13 蜗轮、蜗杆齿的旋向及蜗轮回转方向的判定方法

要求	图示	判定方法
判断蜗杆或蜗轮齿的旋向	右旋蜗杆 左旋蜗杆 右旋蜗轮 左旋蜗轮	手心对着自己，四指顺着蜗杆或蜗轮轴线方向摆正，若齿向与右手拇指指向一致，则该蜗杆或蜗轮为右旋；反之，则为左旋

续表

要求	图示	判定方法
判断蜗轮的回转方向		左、右手定则： 左旋蜗杆用左手，右旋蜗杆用右手。四指弯曲与蜗杆的回转方向相同，拇指伸直代表蜗杆轴线，则拇指所指方向的相反方向即为蜗轮上啮合点的线速度方向

五、轮系

在机械传动中，仅仅依靠一对齿轮传动往往是不够的。例如，在各种机床中需要把电动机的高转速变成主轴的低转速，或将一种转速变为多级转速；在汽车动力传动系统中，需要把发动机的一种转速转变为多种转速。这些都要依靠一系列彼此相互啮合的齿轮所组成的齿轮机构来实现。这种为了满足机器的功能要求和实际工作需要，所采用的多对相互啮合齿轮组成的传动系统称为轮系。轮系的形式有很多，按照轮系传动时各齿轮的轴线位置是否固定分为定轴轮系、周转轮系和混合轮系三大类。

1. 定轴轮系

当轮系运转时，各齿轮的几何轴线位置均相对固定不变，这种轮系称为定轴轮系，也称普通轮系，如图 2–50 所示。

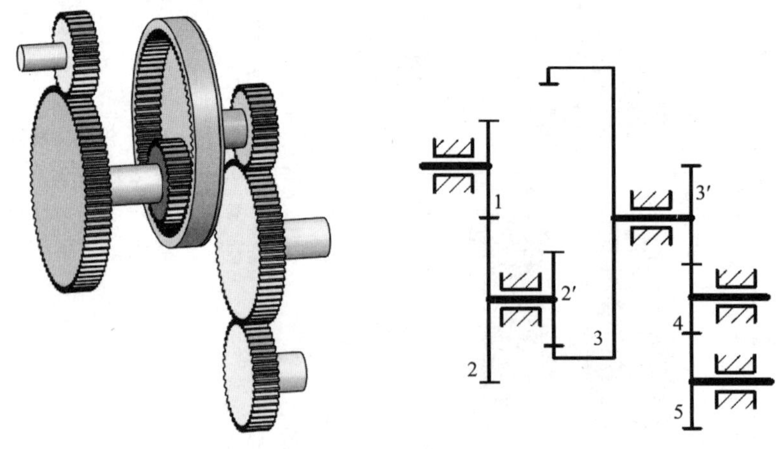

图 2–50　定轴轮系

2. 周转轮系

当轮系运转时，至少有一个齿轮的几何轴线的位置是不固定的，并且绕另一个齿轮的固定轴线转动，这种轮系称为周转轮系。如图 2–51 所示，齿轮 3 一方面绕自身轴线 O_1 回转，另一方面又绕固定轴线 O 回转。

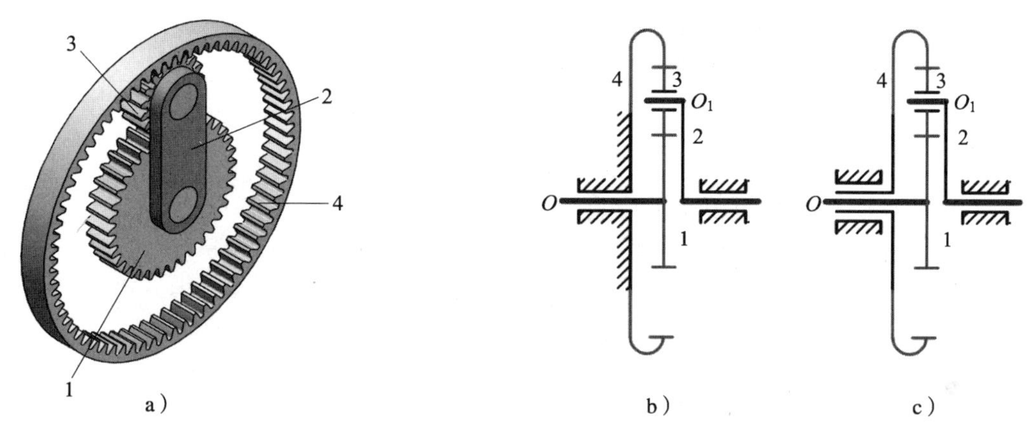

图 2–51　周转轮系

a）立体图　b）行星轮系　c）差动轮系

1—太阳轮　2—行星架　3—行星齿轮　4—内齿圈

周转轮系由太阳轮、内齿圈、行星齿轮和行星架组成。处于中心位置的外齿轮称为太阳轮，处于最外面的内齿轮称为内齿圈，它们统称为中心轮。安装在行星架上的惰轮称为行星齿轮，支承行星齿轮并与太阳轮同轴线的构件称为行星架。

周转轮系分为行星轮系与差动轮系两种。有一个中心轮的转速为零的周转轮系称为行星轮系（见图 2–51b）；中心轮的转速都不为零的周转轮系称为差动轮系（见图 2–51c）。行星轮系只有一个自由度，差动轮系有两个自由度。

3. 混合轮系

既有定轴轮系又有周转轮系的轮系称为混合轮系，如图 2–52 所示。

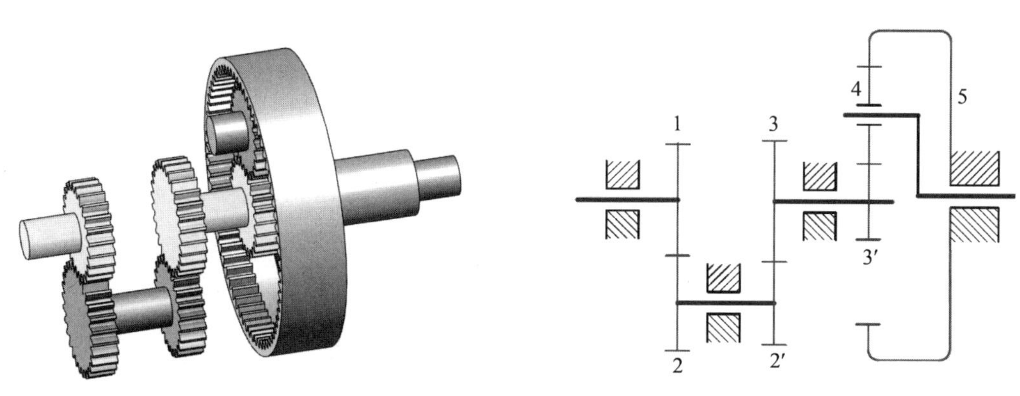

图 2–52　混合轮系

课后练习

1. 机器一般由哪几部分组成？具有哪些功能？
2. 简述带传动的组成和工作原理。
3. 普通螺旋传动分为哪两类？各有什么运动形式？
4. 链传动有何优点？
5. 简述齿轮传动的类型及应用特点。
6. 简述渐开线齿廓的啮合特点。
7. 蜗杆传动有何特点？
8. 轮系分为哪几类？有何应用特点？

第 3 章

常用机构

学习目标

1. 了解机构运动简图和铰链四杆机构的组成。
2. 掌握铰链四杆机构的类型及工作原理，掌握曲柄滑块机构的工作原理。了解导杆机构、固定滑块机构和曲柄摇块机构的工作原理。
3. 掌握铰链四杆机构曲柄存在的条件，了解铰链四杆机构的急回特性和死点位置。
4. 掌握凸轮机构的组成及类型，了解从动件端部形状。
5. 掌握凸轮机构的工作过程，了解凸轮机构从动件常用的运动规律。
6. 掌握塔轮变速机构和滑移齿轮变速机构的工作原理，了解离合式齿轮变速机构和挂轮变速机构的工作原理。
7. 了解滚子平盘式无级变速机构和宽 V 带式无级变速机构的工作原理。
8. 掌握三星轮换向机构的工作原理，了解离合锥齿轮换向机构。
9. 掌握棘轮机构的工作原理，了解棘轮机构的常见类型及其应用。
10. 掌握槽轮机构的组成和工作原理，了解槽轮机构的常见类型。
11. 了解不完全齿轮机构的工作原理。

第 1 节　平面连杆机构

平面连杆机构是指由若干刚性构件用转动副或移动副相互连接而成，在同一平面或相互平行的平面内运动的机构。如图 3-1 所示为港口用门座式起重机，它利用平面连杆机构实现货物的水平移动。

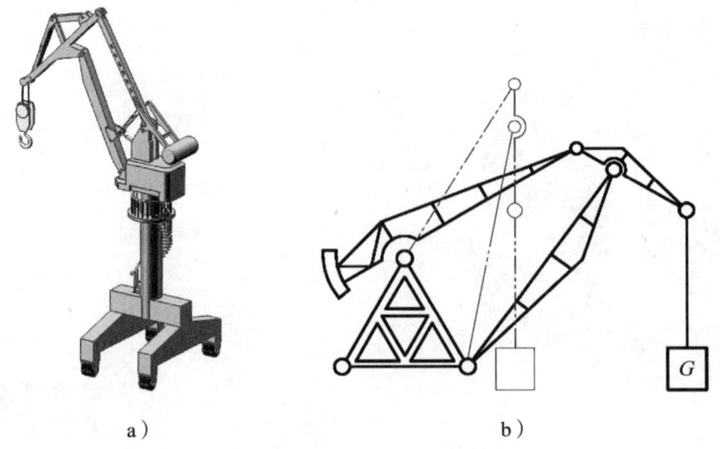

图 3–1 港口用门座式起重机

a）实体图 b）结构简图

一、机构运动简图

平面连杆机构构件的形状多种多样，不一定为杆状，但从运动原理来看，均可用等效的杆状构件替代，如图 3–2 所示，这种能表达机构运动的简化图形称为机构运动简图。

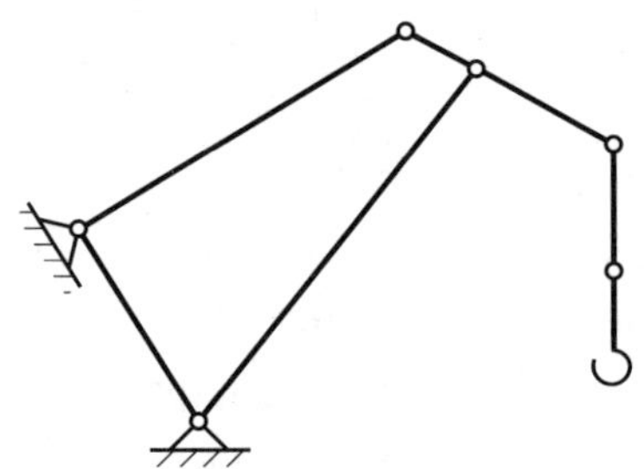

图 3–2 港口用门座式起重机机构运动简图

平面连杆机构中的各构件必须以可以运动的方式连接起来，两构件接触而形成的可动连接称为运动副。平面连杆机构中常见的运动副有转动副和移动副，其结构及机构运动简图用图形符号见表 3–1。

表 3–1 常见运动副的结构及机构运动简图用图形符号

名称	概念		结构	图形符号
转动副	两构件之间只允许做相对转动	固定铰链		
		活动铰链		

续表

名称	概念	结构	图形符号
移动副	两构件之间 只允许做相对移动		

二、铰链四杆机构的组成

最常用的平面连杆机构是具有四个构件（包括机架）的机构，称为四杆机构。构件间以四个转动副相连的平面四杆机构称为平面铰链四杆机构，简称铰链四杆机构。

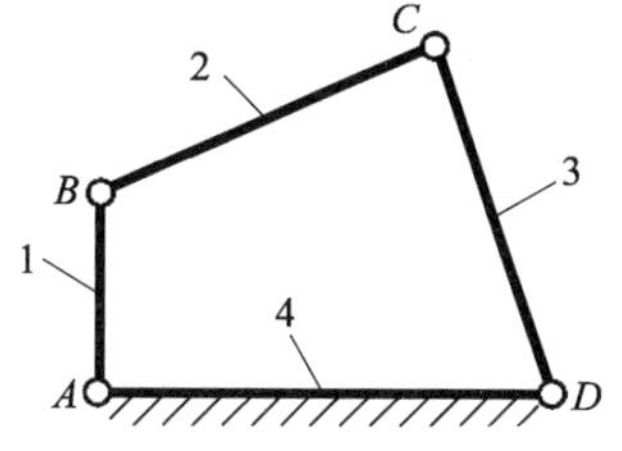

图 3–3　铰链四杆机构

1、3—连架杆　2—连杆　4—机架

如图 3–3 所示，在铰链四杆机构中，固定不动的构件 4 称为机架，不与机架直接相连的构件 2 称为连杆，与机架相连的构件 1、3 称为连架杆。能绕固定轴做整周旋转运动的连架杆称为曲柄，能绕固定轴在一定角度（小于 180°）范围内摆动的连架杆称为摇杆。

三、铰链四杆机构的类型

铰链四杆机构按两连架杆的运动形式不同，分为曲柄摇杆机构、双曲柄机构和双摇杆机构三种基本类型。

1. 曲柄摇杆机构

铰链四杆机构的两个连架杆中，其中一个是曲柄，另一个是摇杆的称为曲柄摇杆机构。如图 3–4 所示为以 *AB* 为曲柄、*CD* 为摇杆的曲柄摇杆机构。

曲柄摇杆机构的应用十分广泛，如图 3–5 所示为汽车玻璃窗刮水器，当电动机带动主动曲柄 *AB* 回转时，从动摇杆 *CD* 做往复摆动，利用摇杆的延长部分实现刮水动作。

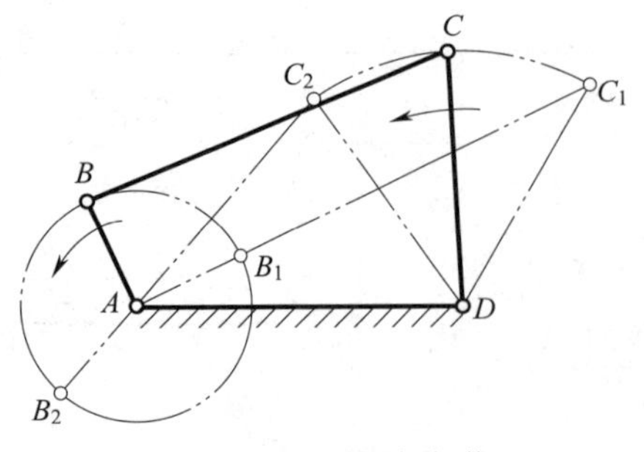

图 3–4 曲柄摇杆机构

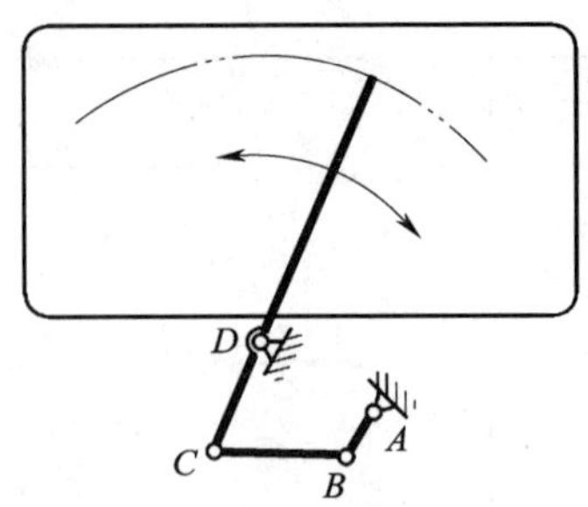

图 3–5 汽车玻璃窗刮水器

2. 双曲柄机构

铰链四杆机构中两连架杆均为曲柄的称为双曲柄机构。常见的双曲柄机构类型有不等长双曲柄机构和平行双曲柄机构等。

（1）不等长双曲柄机构

两曲柄长度不等的双曲柄机构称为不等长双曲柄机构，如图 3–6 所示。双曲柄机构中，通常主动曲柄做等速转动，从动曲柄做变速转动。

（2）平行双曲柄机构

连杆与机架的长度相等且两曲柄长度相等、曲柄转向相同的双曲柄机构称为平行双曲柄机构，如图 3–7 所示。平行双曲柄机构的四个构件在任何位置均形成平行四边形，两曲柄的旋转方向与角速度恒相等。

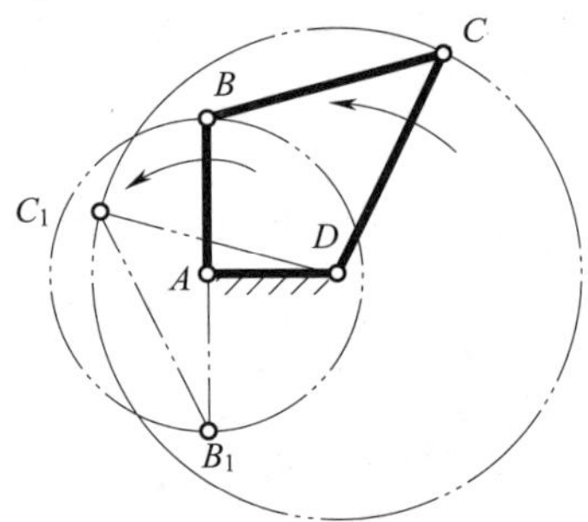

图 3–6 不等长双曲柄机构

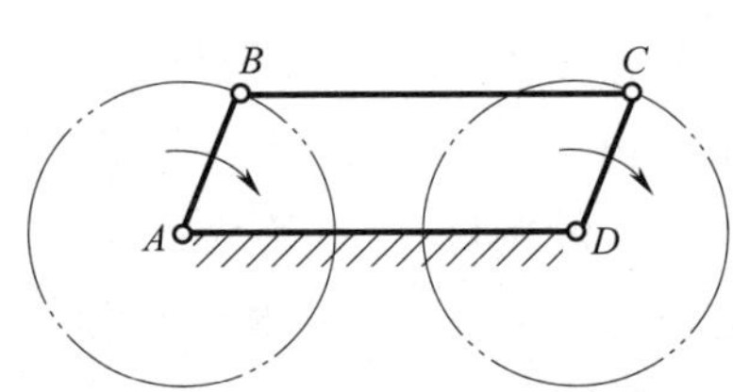

图 3–7 平行双曲柄机构

3. 双摇杆机构

如图 3–8 所示，两连架杆均为摇杆的铰链四杆机构称为双摇杆机构，机构中两摇杆可以分别作为主动杆，当连杆与摇杆共线时为机构的两极限位置。

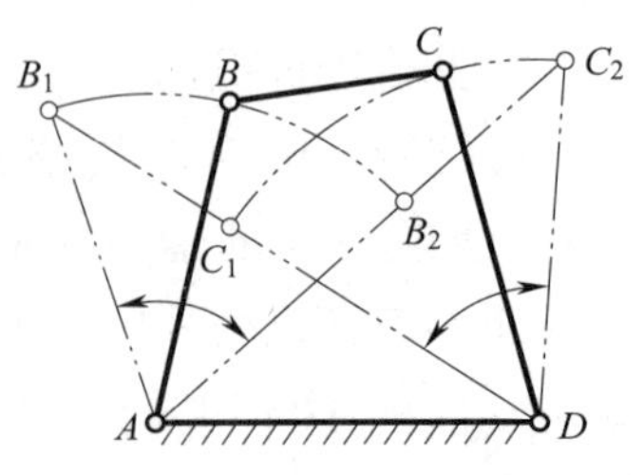

图 3–8 双摇杆机构

四、铰链四杆机构的演化

在实际生产中，除了以上介绍的铰链四杆机构类型外，还广泛采用一些其他形式的四杆机构。它们一般是通过改变铰链四杆机构某些构件的形状、相对长度或选择不同构件作为机架等方式演化而来的。

1. 曲柄滑块机构

如图 3–9 所示，曲柄滑块机构是具有一个曲柄和一个滑块的平面四杆机构，是由曲柄摇杆机构演化而来的。曲柄做旋转运动，滑块做往复直线运动。曲柄和滑块都可分别作为主动件或从动件。

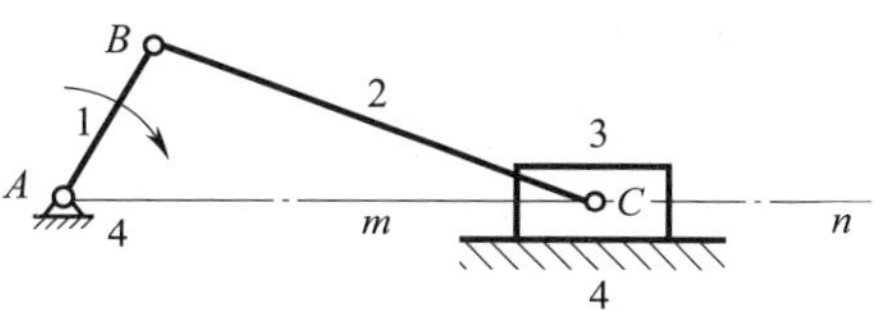

图 3–9　曲柄滑块机构

1—曲柄　2—连杆　3—滑块　4—机架

曲柄滑块机构在机械设备及生活用品中都得到了非常广泛的应用，如图 3–10 所示为曲柄滑块机构在内燃机中的应用，活塞（滑块）、连杆、曲轴（曲柄）等组成了曲柄滑块机构。在做功行程中，活塞承受燃气压力在气缸内做往复直线运动，通过连杆转换成曲轴的旋转运动，并由曲轴对外输出动力。

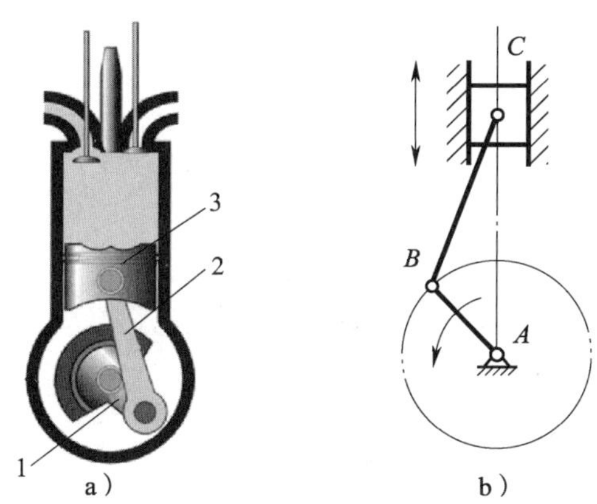

图 3–10　曲柄滑块机构在内燃机中的应用

a）结构示意图　b）机构运动简图

1—曲轴（曲柄）　2—连杆　3—活塞（滑块）

2. 导杆机构

导杆机构是通过取曲柄滑块机构的不同构件作为机架而获得的。如图 3–11a 所示为曲柄滑块机构，若选构件 2′ 为机架，3′ 为曲柄，则演化为导杆机构。如图 3–11b 所示，当曲柄 3 旋转时，构件 1 绕 *A* 点转动，滑块 4 沿构件 1 滑动，由于构件 1 对滑块 4 起导向作用，故构件 1 称为导杆，这种机构称为导杆机构。在该机构中，若 $BC>BA$，则杆 3 和导杆 1 均能做整周旋转运动，这种机构称为转动导杆机构，如图 3–11b 所示；若 $BC<BA$，当杆 3 做整周转动时，导杆 1 只能做往复摆动，这种机构称为摆动导杆机构，如图 3–12 所示。

3. 固定滑块机构

若将曲柄滑块机构（见图 3–11a）中的滑块固定不动，就得到固定滑块机构，如图 3–13 所示。滑块 4 作为机架固定不动，连架杆 3 作为曲柄绕 *C* 点转动，导杆 1 做往复移动。

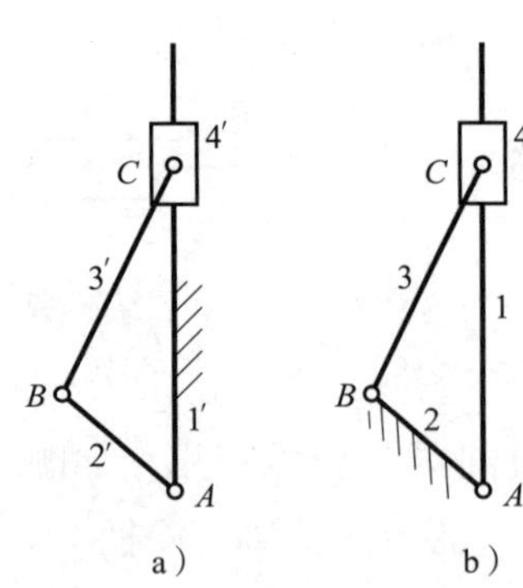

图 3-11　导杆机构的演变
a）曲柄滑块机构
1′—机架　2′—曲柄　3′—连杆　4′—滑块
b）转动导杆机构
1—导杆　2—机架　3—曲柄　4—滑块

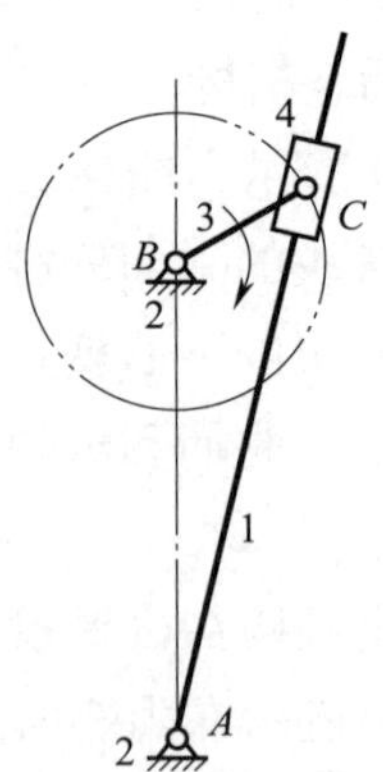

图 3-12　摆动导杆机构
1—导杆　2—机架　3—曲柄　4—滑块

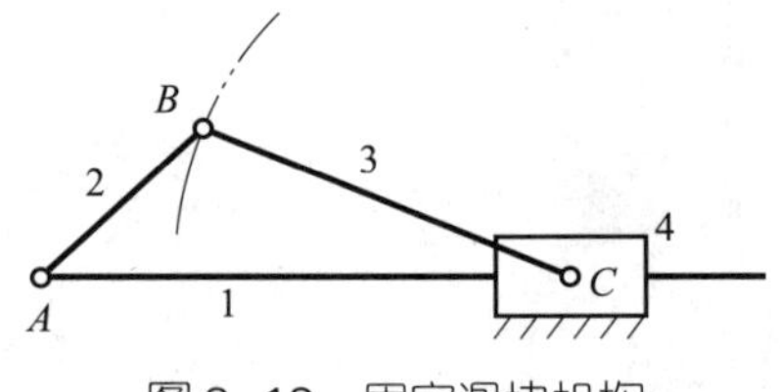

图 3-13　固定滑块机构
1—导杆　2—连杆　3—曲柄　4—机架

4. 曲柄摇块机构

若将曲柄滑块机构（见图 3-11a）的连杆作为机架，摇块只能绕 C 点摆动，就得到了曲柄摇块机构，如图 3-14 所示。当曲柄 2 绕着 B 点做整周回转运动时，摇块 4 做摆动。这种装置广泛应用于液压驱动装置中，如图 3-15 所示的吊车升降机构，液压缸的缸体相当于摇块，活塞杆相当于导杆。当液压油推动活塞杆向上移动时，使起重臂 AB 绕 B 点摆动，吊钩上升，吊起重物。

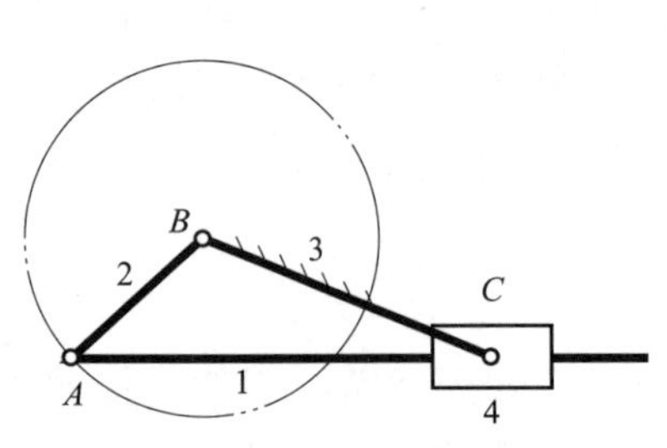

图 3-14　曲柄摇块机构
1—导杆　2—曲柄　3—机架　4—滑块

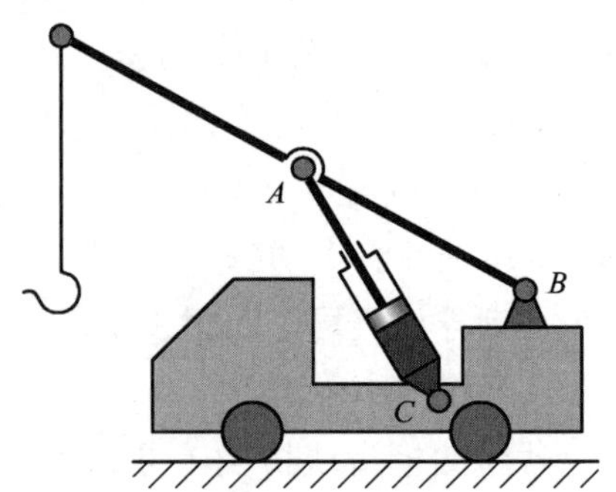

图 3-15　吊车升降机构

五、铰链四杆机构的基本性质

1. 曲柄存在的条件

曲柄是能做整周旋转的连架杆，只有这种能做整周旋转的构件才能用电动机等连续转动的装置来带动，所以能做整周旋转的构件在机构中具有重要地位，即曲柄是机构中的关键构件。

铰链四杆机构中是否存在曲柄，主要取决于机构中各杆的相对长度和机架的选择。铰链四杆机构中存在曲柄，必须同时满足以下两个条件：

（1）最短杆与最长杆的长度之和小于等于其他两杆长度之和。

（2）连架杆和机架中必有一杆是最短杆。

根据曲柄存在的条件，可以推论出铰链四杆机构三种基本类型的判别方法，见表 3-2。

表 3-2　铰链四杆机构三种基本类型的判别方法（*AB* 为最短杆）

类型	说明	条件	图示
曲柄摇杆机构	连架杆之一为最短杆	最短杆与最长杆的长度之和小于等于其他两杆长度之和	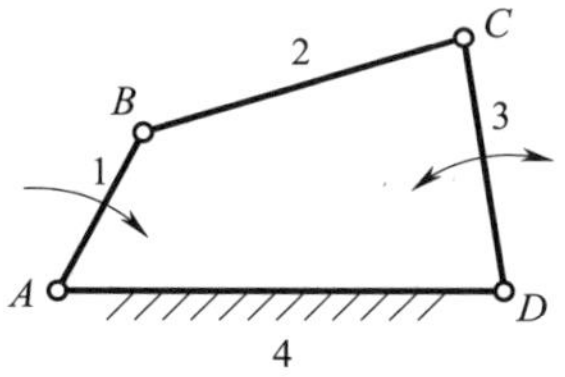 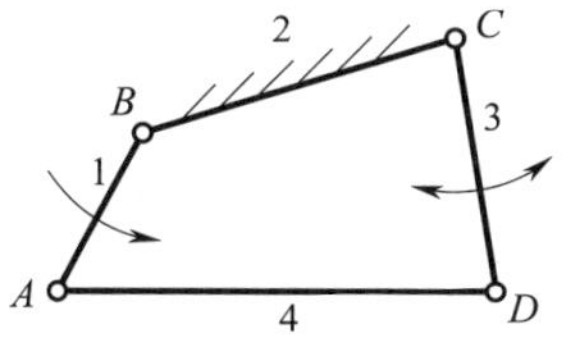
双曲柄机构	机架为最短杆		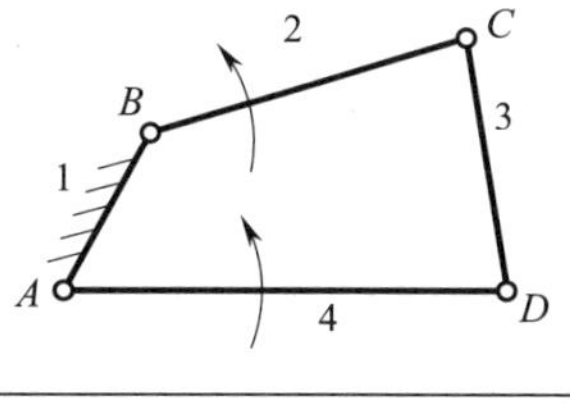
双摇杆机构	连杆为最短杆		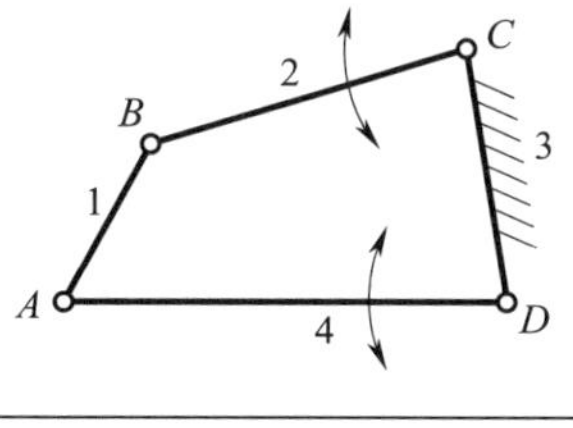
	不论哪个杆为机架，都无曲柄存在	最短杆与最长杆长度之和大于其他两杆长度之和	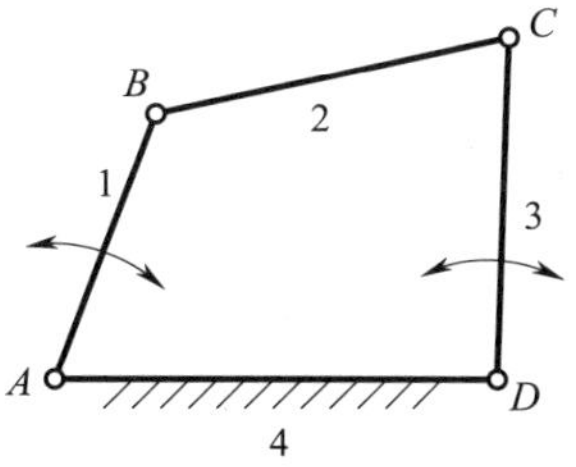

2. 急回特性

如图 3–16 所示曲柄摇杆机构，当曲柄 AB 整周回转时，摇杆在 C_1D 和 C_2D 两极限位置之间做往复摆动。当摇杆处于 C_1D 和 C_2D 两极限位置时，曲柄与连杆共线，曲柄的两个对应位置所夹的锐角称为极位夹角，用 β 表示。

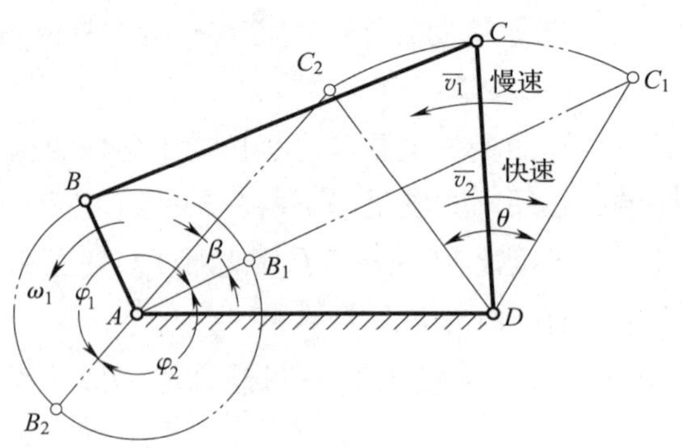

图 3–16　曲柄摇杆机构的急回特性

当曲柄（主动件）沿逆时针方向等角速度连续转动，由 AB_1 位置转到 AB_2 位置时，转角 φ_1 为 $180°+\beta$，摇杆由 C_1D 摆到 C_2D，所用时间为 t_1；当曲柄由 AB_2 位置转到 AB_1 位置时，转角 φ_2 为 $180°-\beta$，摇杆由 C_2D 摆到 C_1D，所用时间为 t_2。摇杆往复摆动所用的时间不等（$t_1>t_2$），平均速度也不等。通常情况下，摇杆由 C_1D 摆到 C_2D 的过程被用作机器的工作行程，摇杆由 C_2D 摆到 C_1D 的过程被用作空回行程。空回行程时的平均速度（$\overline{v_2}$）大于工作行程时的平均速度（$\overline{v_1}$），机构的这种性质称为急回特性。利用铰链四杆机构的急回特性设计的机构，可以节省非工作时间，提高生产效率。

3. 死点位置

如图 3–17 所示曲柄摇杆机构中，如果摇杆 CD 为主动件，当摇杆摆动到极限位置 C_1D 或 C_2D 时，连杆 BC 与从动曲柄 AB 共线，则主动摇杆 CD 通过连杆 BC 加于从动曲柄 AB 上的力将经过从动件的铰链中心 A，从而使驱动力对从动曲柄 AB 的回转力矩为零，此时无论施加多大的驱动力，都不能使从动曲柄 AB 转动。机构的这个位置称为死点位置。如图 3–18 所示的曲柄滑块机构，当以滑块为主动件时，如果连杆与从动曲柄共线，即滑块处于 C_1 或 C_2 位置时，则机构处于死点位置。

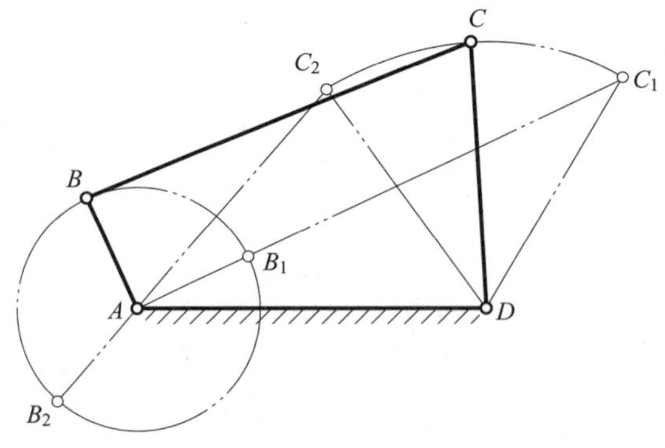

图 3–17　曲柄摇杆机构的死点位置

死点位置将使机构的从动件出现卡死或运动不确定现象。对于传动机构来说，死点是应该设法克服的，通常可以利用惯性来保证机构顺利通过死点，以避免死机。内燃机是曲柄滑块机构的一个具体应用实例，内燃机在驱动过程中也有两个死点位置。为了使机构能顺利地通过死点而正常运转，必须采取适当的措施。如采用将两组以上的机构组合使用，从而使各组机构的死点相互错开排列的方法，也可使用安装飞轮加大惯性的方法，借惯性作用闯过死点等。如图 3–19 所示的内燃机中，在曲柄上安装了一个飞轮，以增加曲柄的惯性，从而克服死点位置。

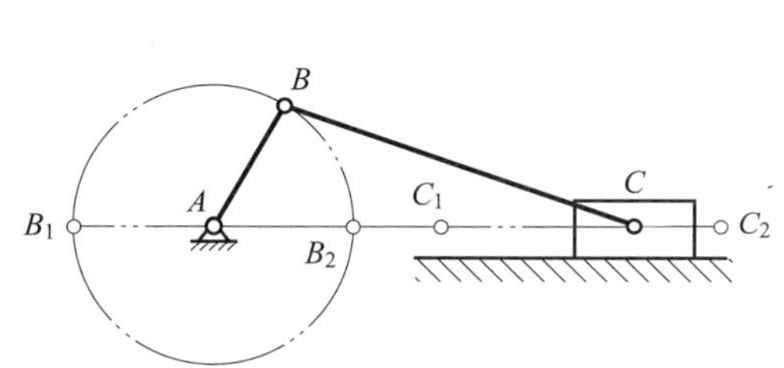

图 3–18　曲柄滑块机构的死点位置

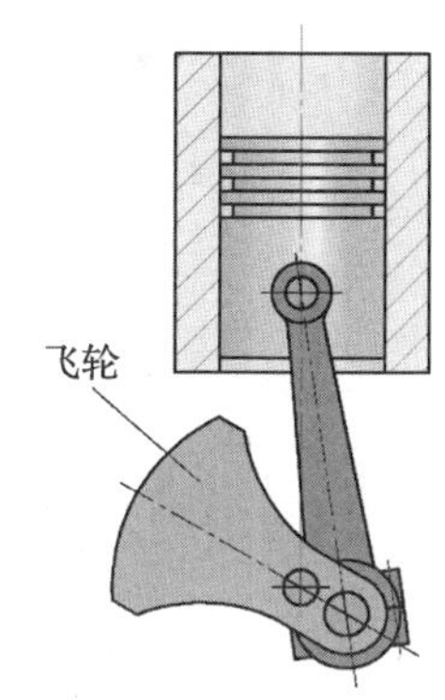

图 3–19　内燃机上的飞轮

在工程实际中，也常常利用机构的死点来实现特定的工作要求。如图 3–20 所示的折叠桌，桌腿的收放机构就是利用了死点的自锁性，当桌腿放开时，曲柄 *CD* 和连杆 *BC* 共线，机构处于死点位置。

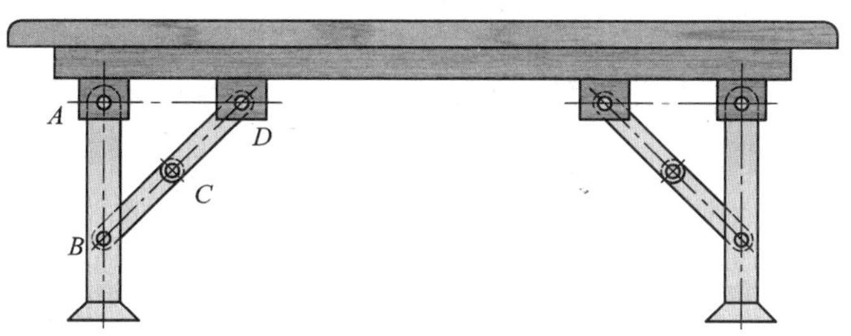

图 3–20　折叠桌腿的收放机构

第 2 节　凸 轮 机 构

在机器或机械装置中，许多场合需要做一些特殊的运动，如图 3–21 所示内燃机配气机构的气门组件，就需要阀杆有规律地开启或关闭通道，实现这一运动则需要用到凸轮机构。当凸轮 1 回转时，其轮廓迫使推杆 2 往复摆动，从而使阀杆 4 往复移动。

一、凸轮机构的组成

凸轮机构由凸轮、从动件和机架三个基本构件组成（见图 3–22）。其中，凸轮是一个具有曲线轮廓或凹槽的构件，主动件凸轮通常做等速转动或移动，从动件可以得到所预期的运动规律。它广泛应用于各种机械，特别是自动机械、自动控制装置和装配生产线中。

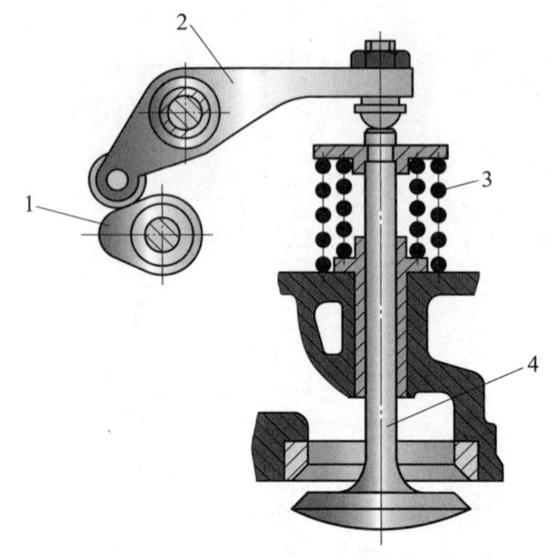

图 3–21　内燃机配气机构的气门组件
1—凸轮　2—推杆　3—弹簧　4—阀杆

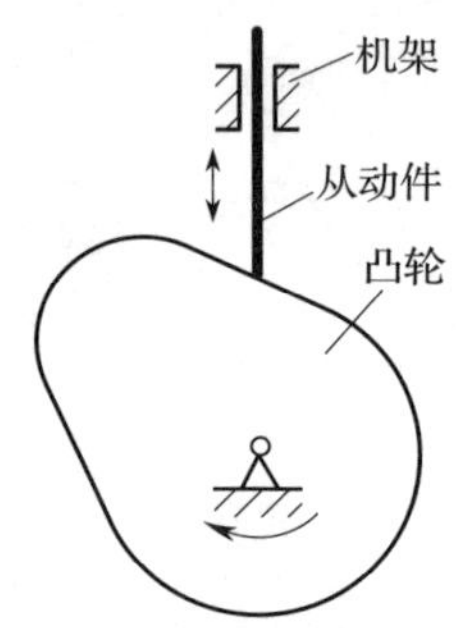

图 3–22　凸轮机构示意图

二、凸轮的类型

凸轮的种类很多，按凸轮形状可分为盘形凸轮、移动凸轮、圆柱凸轮和端面圆柱凸轮，见表 3–3。

表 3–3　凸轮的类型

名称	简图	特点及应用
盘形凸轮		凸轮为径向尺寸变化的盘形构件，它绕固定轴做旋转运动。从动件在垂直于回转轴的平面内做往复直线运动或往返摆动。这种机构是凸轮机构中最基本的形式，应用广泛
移动凸轮		凸轮为一个有曲面的直线运动构件，在凸轮往返移动作用下，从动件可做往复直线运动或往返摆动。这种机构在机床上应用较多

续表

名称	简图	特点及应用
圆柱凸轮		凸轮为一个有沟槽的圆柱体，它绕中心轴做回转运动。从动件在平行于凸轮轴线的平面内做直线移动或摆动。常用于自动机床
端面圆柱凸轮		凸轮是一端带有曲面的圆柱体，它绕中心轴做旋转运动。从动件在平行于轴线的平面内移动或摆动。常用于金属切削机床的变速箱

三、从动件端部形状

从动件端部形状主要有尖顶、滚子、平底和曲面等，其简图、特点及应用见表 3–4。

表 3-4　从动件端部形状简图、特点及应用

从动件端部形状	简图	特点及应用
尖顶		凸轮与从动件之间为点接触或线接触，它能准确地实现任意的运动规律，构造最简单，但易磨损，只适用于作用力不大和速度较低的场合，如用于仪表机构中
滚子		从动件一端装有滚子，凸轮与从动件为滚子接触，利于润滑。滚子与凸轮轮廓之间为滚动摩擦，磨损较小，故可用来传递较大的动力，应用较广
平底		从动件与凸轮的曲线轮廓相切形成楔形缝隙，易于形成楔形油膜，润滑较好，常用于高速传动中
曲面		可避免因安装位置偏斜或不对中而造成的表面应力过大和磨损增大，兼有尖顶和平顶从动件的优点，应用较广

四、凸轮机构的工作过程

凸轮机构中最常用的运动形式为凸轮做等速回转运动，从动件做往复移动。表 3-5 所列为对心外轮廓盘形凸轮机构的工作过程。凸轮回转时，从动件做“升—停—降—停”的运动循环。现以此机构为例，研究从动件的工作过程及特点。

表 3-5 凸轮机构“升—停—降—停”运动循环

运动	图示	描述
升	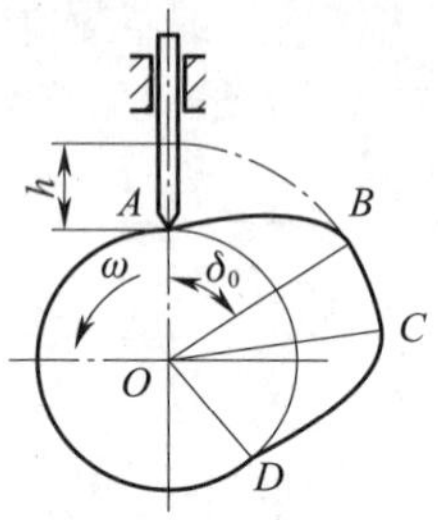	当凸轮逆时针转过 δ_0 时，从动件由最低位置被推到最高位置，从动件运动的这一过程称为推程，凸轮转角 δ_0 称为推程运动角 从动件上升或下降的最大位移 h 称为行程
停	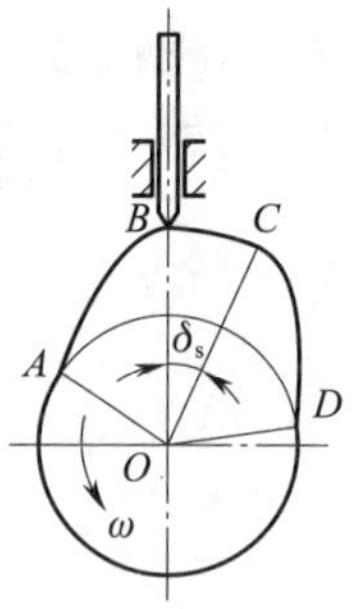	因凸轮的 BC 段轮廓为以 O 为圆心的圆弧，故凸轮转过 δ_s 时，从动件静止不动，且停在最高位置，这一过程称为远停程，凸轮转角 δ_s 称为远停程角
降	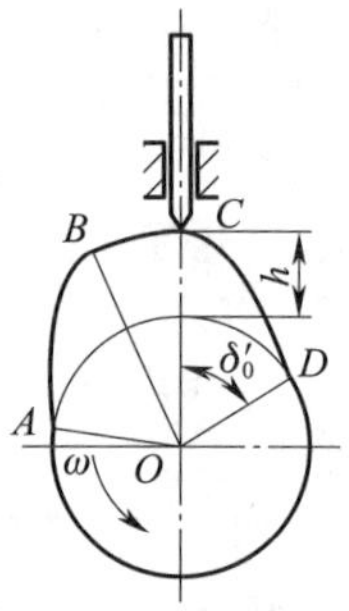	凸轮继续转过 δ_0'，从动件由最高位置回到最低位置，这一过程称为回程，凸轮转角 δ_0' 称为回程运动角
停	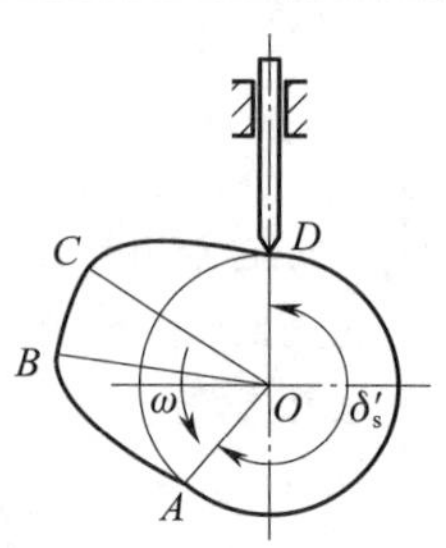	凸轮转过 δ_s' 时，从动件处于最低位置且静止不动，这一过程称为近停程，凸轮转角 δ_s' 称为近停程角

五、从动件常用的运动规律

从动件的运动规律取决于凸轮的轮廓形状。因此，在设计凸轮轮廓时，必须首先确定从动件的运动规律。常用的从动件运动规律有等速运动规律和等加速、等减速运动规律。

1. 等速运动规律

以从动件的位移 s 为纵坐标、对应凸轮的转角 δ 或时间 t（凸轮匀速转动时，转角 δ 与时间 t 成正比）为横坐标，可以绘制出一个运动循环周期的从动件位移曲线图，如图 3–23 所示为等速运动规律的凸轮机构与从动件位移曲线图。该凸轮机构的凸轮做等角速度转动时，从动件上升或下降的速度为一常数，这种运动规律称为从动件的等速运动规律。

由图 3–23b 的位移曲线可以看出，位移和转角成正比关系，所以从动件等速运动的位移曲线为一斜直线。从动件由静止开始，然后以某一速度做上升运动，会产生一次突然冲击；从动件上升到最高点立即转为下降运动，会再次使凸轮机构产生强烈的刚性冲击，因此等速运动规律只适用于凸轮做低速回转、轻载的场合。

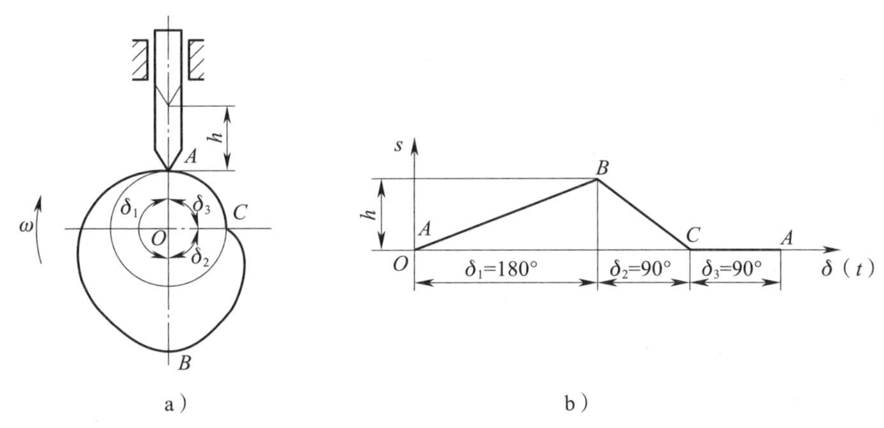

图 3–23　等速运动规律

a）等速运动的凸轮机构　b）位移曲线

2. 等加速、等减速运动规律

从动件运动的整个升程在前半段做等加速上升，后半段做等减速继续上升；整个回程的前半段做等加速下降，后半段做等减速下降，这种运动规律称为等加速、等减速运动规律（见图 3–24）。

它的位移曲线如图 3–24b 所示，位移与转角是二次函数关系，所以位移曲线为一抛物线。如果把前半段（$h/2$）的等加速抛物线与后半段的等减速抛物线结合起来（升程相同），就是从动件的等加速、等减速运动规律的位移曲线。

当凸轮顺时针转动时，从动件等加速上升（$h/2$）后变为等减速运动上升（$h/2$），到达全升程最高点时上升的速度趋于零，而后转入回程；回程的运动规律则是前半段

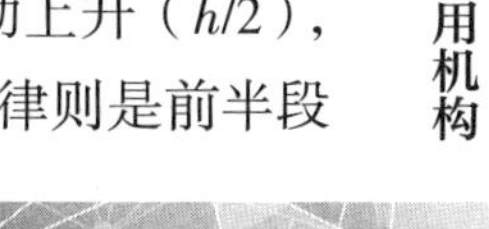

为等加速下降、后半段为等减速下降，到达最低点时速度降为零。在从动件的整个运动过程中，速度没有发生突变，避免了刚性冲击。

等加速、等减速运动规律具有冲击小、运动平稳的优点，适用于凸轮转速较高和从动件质量较大的场合。

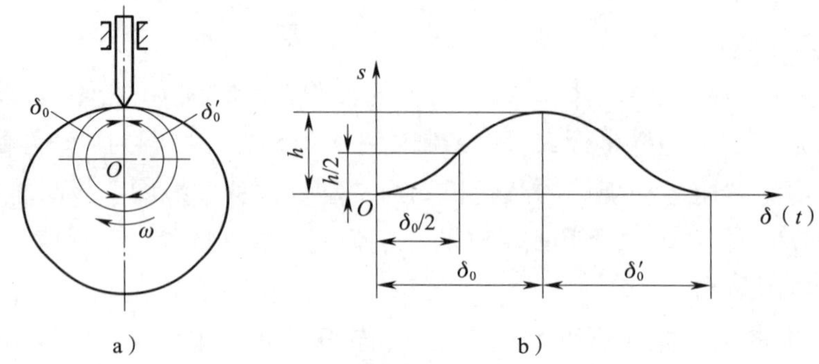

图 3–24　等加速、等减速运动规律

a）等加速、等减速运动的凸轮机构　b）位移曲线

第 3 节　其他常用机构

一、变速机构

在输入转速不变的条件下，使输出轴获得不同转速的传动装置称为变速机构。汽车、机床、起重机等都需要变速机构。变速机构分为有级变速机构和无级变速机构。

1. 有级变速机构

有级变速机构是在输入转速不变的条件下，使输出轴获得一定的转速级数。常用的变速机构有塔轮变速机构、滑移齿轮变速机构、离合式齿轮变速机构和挂轮变速机构等。

（1）塔轮变速机构

塔轮变速机构有塔带轮变速机构、塔齿轮变速机构和塔链轮变速机构等。图 3–25 所示为塔带轮变速机构，两个塔带轮分别固定在轴Ⅰ、Ⅱ上，传动带可以在塔带轮上转换 3 个不同的位置。由于两个塔带轮对应各级的直径比值不同，所以当轴Ⅰ以固定不变的转速旋转时，通过转换带的位置可使轴Ⅱ得到 3 级不同的转速。这种变速机构大多采用平带传动，也可以用 V 带传动。其优点是结构简单，传动平稳；缺点是尺寸较大，变速不方便。

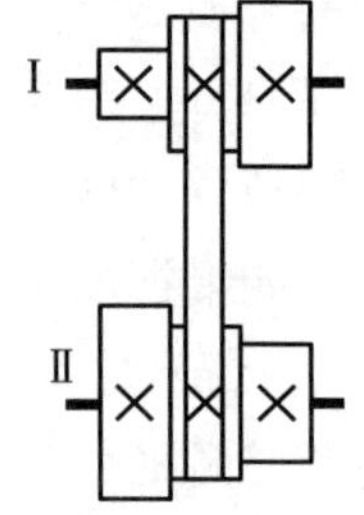

图 3–25　塔带轮变速机构

（2）滑移齿轮变速机构

滑移齿轮变速机构如图 3-26 所示，在主动轴Ⅰ上固定了两个或三个齿轮，相互保持一定距离，双联或三联滑移齿轮用花键与从动轴Ⅱ相连。移动滑移齿轮可以实现不同齿轮副的啮合，从而使轴Ⅱ得到 2 级或 3 级转速。这种变速机构的特点是：改变滑移齿轮的啮合位置，就可改变轮系的传动比。这种机构具有变速可靠、传动比准确等优点，但零件种类和数量多，变速有噪声。

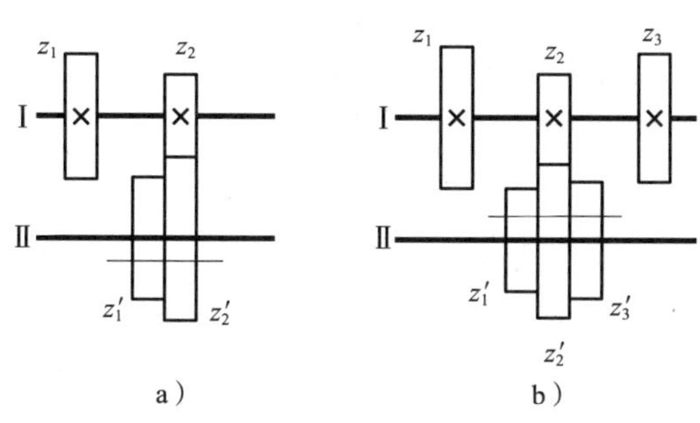

图 3-26　滑移齿轮变速机构

a）双联滑移齿轮变速机构　b）三联滑移齿轮变速机构

滑移齿轮变速机构在机床变速中得到广泛应用，图 3-27 所示为某车床主轴变速箱的传动系统。在轴Ⅱ上安装了一个三联滑移齿轮和一个双联滑移齿轮，在轴Ⅲ上安装了一个双联滑移齿轮，其传动机构可以实现 12 级变速。第一变速组由轴Ⅱ上的三联滑移齿轮分别与轴Ⅰ上的固连齿轮啮合实现，可以得到 3 级传动比；第二变速组由轴Ⅱ上的双联滑移齿轮与轴Ⅲ上的两个固连齿轮啮合实现，可以得到 2 级传动比；第三变速组由轴Ⅲ上的双联滑移齿轮与轴Ⅳ上的固连齿轮实现，可以得到 2 级传动比。因此，轴Ⅳ的转速共有 3×2×2=12 级。

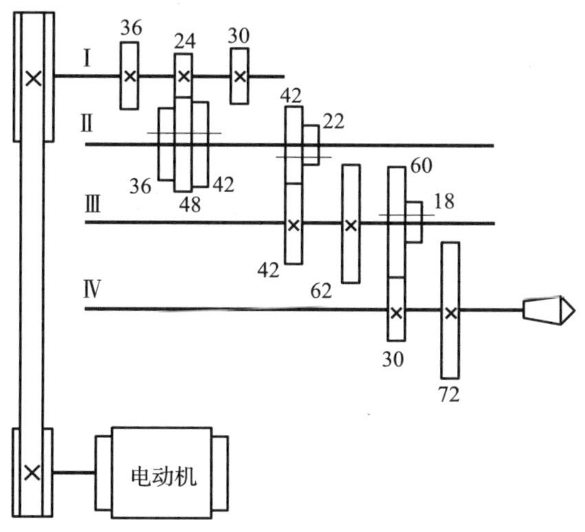

图 3-27　车床主轴变速箱的传动系统

（3）离合式齿轮变速机构

如图 3–28 所示，固定在轴Ⅰ上的两个齿轮与空套在轴Ⅱ上的两个齿轮保持啮合状态。轴Ⅱ装有双向牙嵌式离合器（用导向型平键或花键与轴相连），空套在轴Ⅱ上的两个齿轮在靠近离合器一端的端面上有能与离合器相啮合的齿形。当轴Ⅰ转速不变时，通过双向离合器的中间滑块向左或向右移动并与齿轮上的半离合器结合，轴Ⅱ即可得到两种不同的转速。

这种变速机构的特点是可以采用斜齿轮或人字齿轮，使传动平稳。若采用摩擦式离合器，则可以在运转中变速。其缺点是齿轮处在经常啮合的状态，磨损较快，离合器所占空间较大。

（4）挂轮变速机构

图 3–29 所示为挂轮变速机构，其工作原理是：轴Ⅰ、轴Ⅱ上装有一对可以拆卸更换的齿轮（也称挂轮或交换齿轮、配换齿轮）*A* 和 *B*，将齿轮 *A* 和齿轮 *B* 对调，或从设备的备用齿轮中挑选不同齿数的两个挂轮换装在轴Ⅰ和轴Ⅱ上，就得到不同的传动比。变速级数取决于备用齿轮中能相互啮合且满足中心距要求的齿轮副的对数。在模数相同时，要求配换的各对挂轮的齿数和应相等。

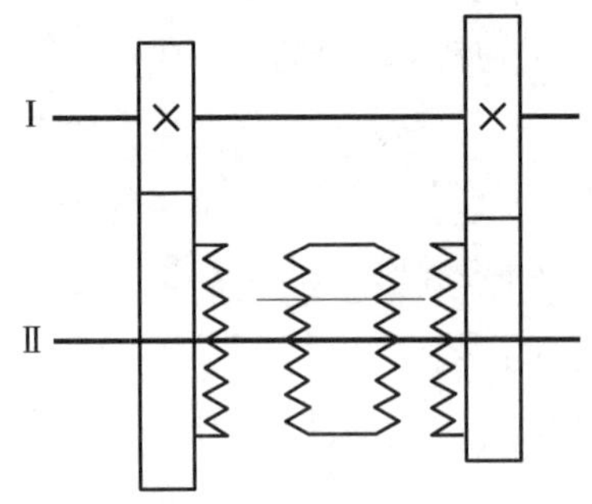

图 3–28　离合式齿轮变速机构

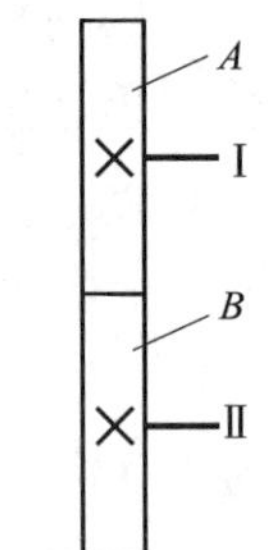

图 3–29　挂轮变速机构

挂轮变速机构的优点是结构简单、紧凑。由于用作主、从动轮的齿轮可以颠倒其位置，所以用较少的齿轮即可获得较多的变速级数。

挂轮变速机构的缺点是变速麻烦，调整齿轮费时费力。主要用于不需要经常变速的场合，如加工齿轮的插齿机、车床车削螺纹的丝杠变速机构、铣床万能分度头等。

2. 无级变速机构

有些机械为了适应工作条件的变化，需要连续地改变其工作速度，这就需要无级变速机构。无级变速机构有机械式、电动式、电磁式和液压式多种形式。机械式无级变速机构具有结构简单、传动性能好、实用性强、维护方便和效率高等优点，所以应用广泛。机械式无级变速机构的常用类型有滚子平盘式无级变速机构、宽 V 带式无级变速机构等。

（1）滚子平盘式无级变速机构

如图 3–30 所示为滚子平盘式无级变速机构，主、从动轮靠接触处产生的摩擦力传动，传动比 $i=R_2/R_1$。若将滚子沿轴向移动，R_2 改变，传动比也随之改变。由于 R_2 可在一定范围内任意改变，所以从动轴Ⅱ可以获得无级变速。该机构的优点是结构简单，制造方便，但存在较大的相对滑动，磨损严重。

（2）宽 V 带式无级变速机构

宽 V 带式无级变速机构如图 3–31 所示，在主动轴Ⅰ和从动轴Ⅱ上分别装有锥轮 1a、1b 和 2a、2b，其中锥轮 1b 和 2a 分别固定在轴Ⅰ、轴Ⅱ上，锥轮 1a 和 2b 可以沿轴Ⅰ、轴Ⅱ同步同向移动。宽 V 带 3 套在两对锥轮之间，工作时如同 V 带传动。通过轴向同步移动锥轮 1a 和 2b，可改变工作半径 R_1 和 R_2 的大小，从而实现无级变速。这种变速机构的优点是结构简单，容易进行无级变速，工作平稳，能吸收振动和具有过载保护作用，传动带虽易磨损，但其更换方便，价格低廉。缺点是外形尺寸较大，变速范围相对较小。

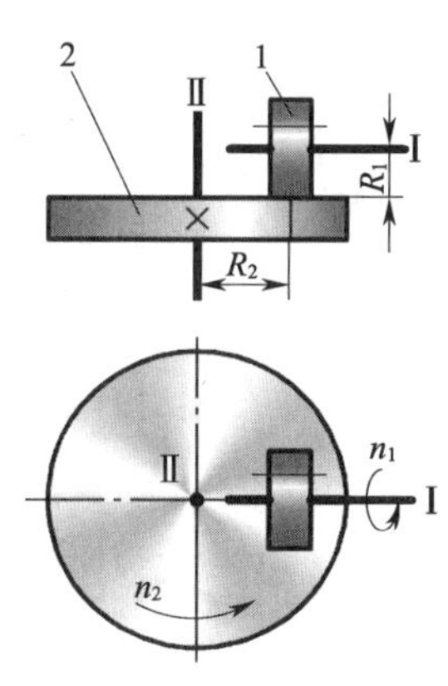

图 3–30　滚子平盘式无级变速机构

1—滚子　2—平盘

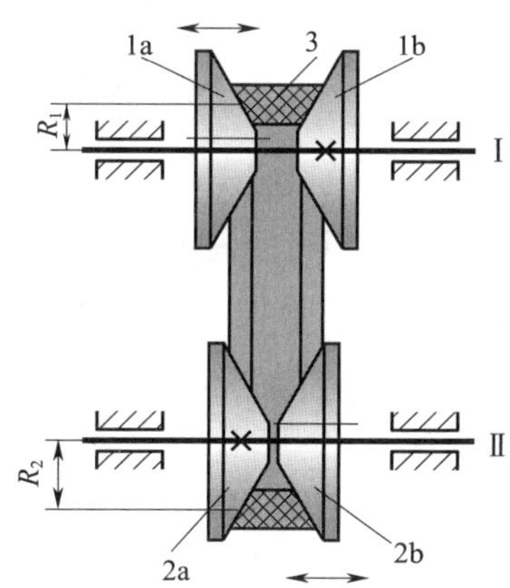

图 3–31　宽 V 带式无级变速机构

1a、1b、2a、2b—锥轮　3—宽 V 带

机械无级变速机构变速的优点是结构简单，过载时传动单元间打滑，可避免损坏机器，传动平稳，无噪声，易于平缓连续地变速。主要缺点是不能保证准确的传动比，传动效率较低，外形尺寸较大，变速范围较小。

二、换向机构

汽车能前进也能倒退，机床主轴能正转也能反转，这些运动形式的改变通常是由换向机构来完成的。换向机构是在输入轴转向不变的条件下，可使输出轴转向改变的机构。其常见类型有三星轮换向机构和离合锥齿轮换向机构等。

1. 三星轮换向机构

三星轮换向机构是利用惰轮来实现从动轴回转方向的变换，如图 3–32 所示。转动手柄可使三角形杠杆架 5 绕从动齿轮 4 的轴线Ⅱ回转。处于图 3–32a 的位置时，惰轮 2 工作（惰轮 3 不工作），从动齿轮 4 与主动齿轮 1 的回转方向相同。处于图 3–32b

位置时，惰轮 2、惰轮 3 工作，从动齿轮 4 与主动齿轮 1 的回转方向相反。卧式车床进给系统就是采用了三星轮换向机构进行换向的。

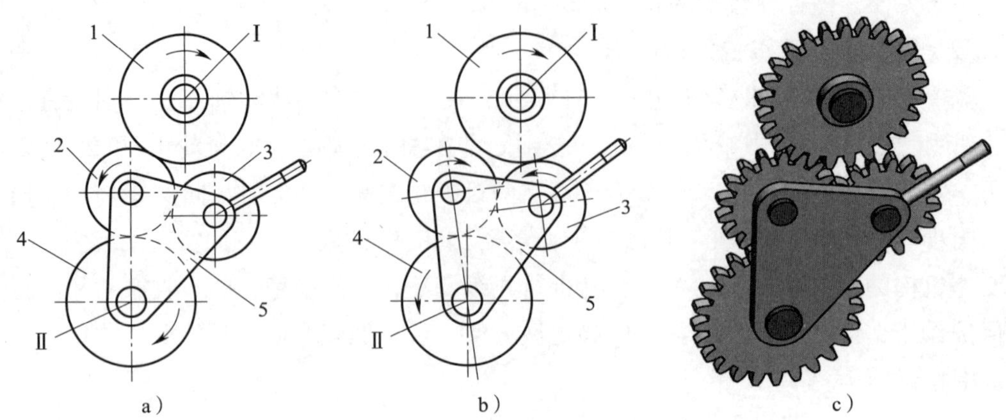

图 3–32　三星轮换向机构

a）从、主动齿轮转向相同　b）从、主动齿轮转向相反　c）实体图

1—主动齿轮　2、3—惰轮　4—从动齿轮　5—三角形杠杆架

2. 离合锥齿轮换向机构

离合锥齿轮换向机构有离合器锥齿轮换向机构和滑移锥齿轮套换向机构两种形式。离合器锥齿轮换向机构如图 3–33a 所示，主动锥齿轮 1 与空套在轴Ⅱ上的从动锥齿轮 2、4 啮合，离合器 3 与轴Ⅱ用花键连接。当离合器向左移动与齿轮 4 接合时，从动轴的转向与齿轮 4 相同；当离合器向右移动与齿轮 2 接合时，从动轴的转向与齿轮 2 相同。图 3–33b 所示为滑移锥齿轮套换向机构，两个锥齿轮与套连接为一体组成锥齿轮套，并用花键与轴相连。通过向左或向右滑移锥齿轮套，从动轴上左右两个锥齿轮分别与主动轴上锥齿轮的左右侧轮齿啮合，从而实现换向。

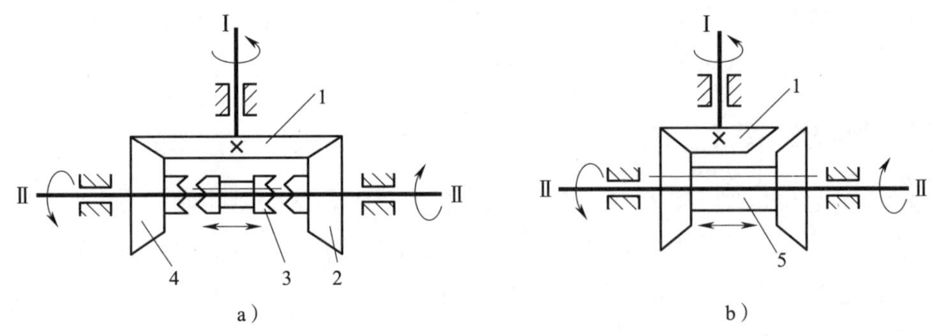

图 3–33　离合锥齿轮换向机构

a）离合器锥齿轮换向机构　b）滑移锥齿轮套换向机构

1—主动锥齿轮　2、4—从动锥齿轮　3—离合器　5—锥齿轮套

三、间歇运动机构

在某些机器中，当主动件做连续运动时，常常需要从动件做周期性的运动或停歇，实现这种运动的机构称为间歇运动机构。

1. 棘轮机构

（1）棘轮机构的工作原理

如图 3–34 所示为机械中常用的齿式棘轮机构，它由棘轮、驱动棘爪和止回棘爪等组成。当主动摇杆 1 逆时针方向摆动时，驱动棘爪 2 便插入棘轮 4 的齿槽中，推动棘轮 4 转过一定角度，此时止回棘爪 6 在棘轮齿背上滑过；当主动摇杆顺时针方向摆动时，止回棘爪阻止棘轮发生顺时针转动，而驱动棘爪则只能在棘轮齿背上滑过，这时棘轮静止不动。因此，当主动件做连续的往复摆动时，棘轮做单向的间歇运动。

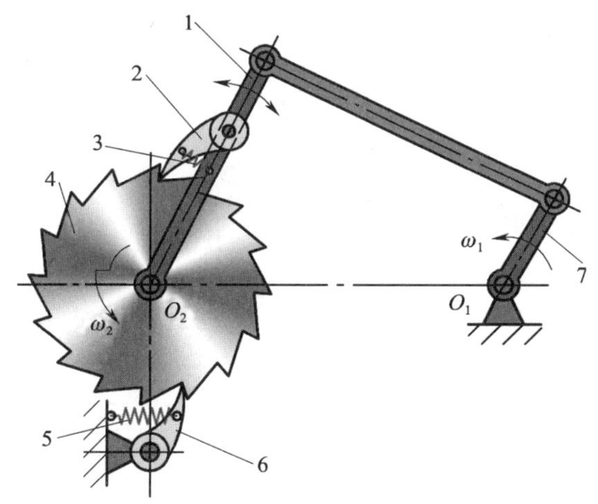

图 3–34　齿式棘轮机构

1—主动摇杆　2—驱动棘爪　3、5—弹簧　4—棘轮　6—止回棘爪　7—曲柄

（2）常见棘轮机构

棘轮机构的类型很多，按照工作原理可分为齿式棘轮机构和摩擦式棘轮机构，按照结构特点可分为外啮合式棘轮机构和内啮合式棘轮机构，按主动件运动形式可分为单动式棘轮机构、双动式棘轮机构和可变向棘轮机构。下面介绍几种常用的棘轮机构。

1）齿式棘轮机构

齿式棘轮机构是通过装于摇杆上的棘爪推动棘轮做一定角度间歇转动的机构。齿式棘轮机构有外啮合式和内啮合式两种。

外啮合齿式棘轮机构有单动式棘轮机构、双动式棘轮机构和可变向棘轮机构几种形式，其常见类型及特点见表 3–6。

表 3-6　外啮合齿式棘轮机构常见类型及特点

类型	图示	特点
单动式 棘轮机构	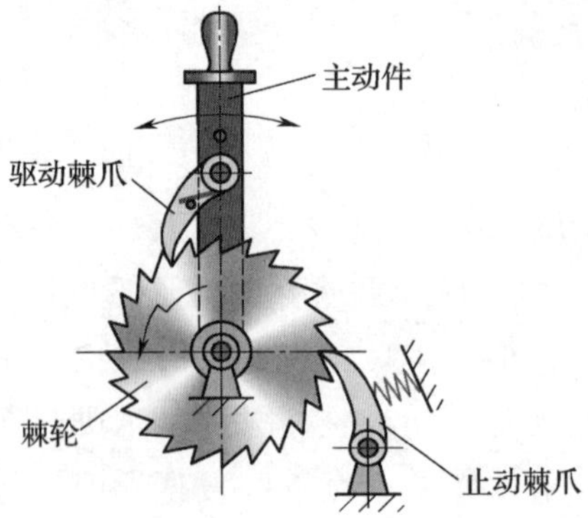	它有一个驱动棘爪，当主动件朝着某一方向摆动时，才能推动棘轮转动；而反向摆动则无法驱动棘轮转动
双动式 棘轮机构		它有两个驱动棘爪，当主动件做往复摆动时，两个棘爪交替带动棘轮朝着同一方向做间歇运动
可变向 棘轮机构	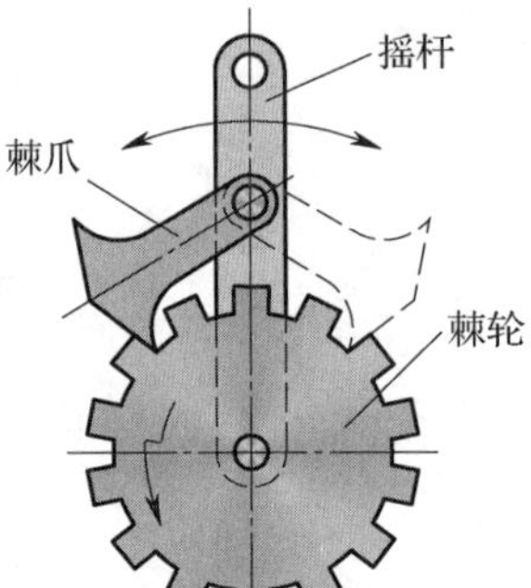	棘爪可以绕销轴翻转，棘爪爪端外形两边对称，棘轮的齿形制成矩形。使用时，如果将棘爪翻转，则棘轮反向转动。这种棘轮机构可以方便地实现两个方向的间歇运动

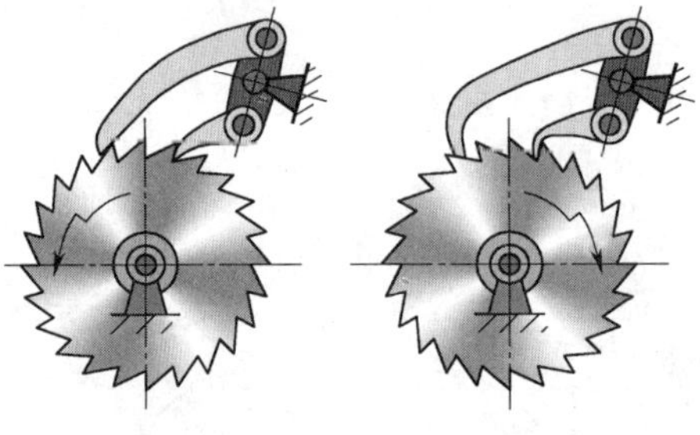

内啮合齿式棘轮机构如图 3–35 所示，棘轮的轮齿加工在轮子的内壁上，棘爪安装在内部的主动轮上。当主动轮逆时针转动时，棘爪推动棘轮转动；当主动轮顺时针转动时，棘爪在棘轮上滑过，不能推动棘轮转动。

2）摩擦式棘轮机构

摩擦式棘轮机构是用偏心扇形楔块代替齿式棘轮机构中的棘爪，以无齿摩擦轮代替棘轮，如图 3–36 所示。其优点是转角大小的变化不受轮齿的限制，在一定范围内可任意调节转角，传动平稳、无噪声，动程可无级调节。但因靠摩擦力传动，会出现打滑现象，虽然可起到安全保护作用，但是传动精度不高。它适用于低速、轻载的场合。

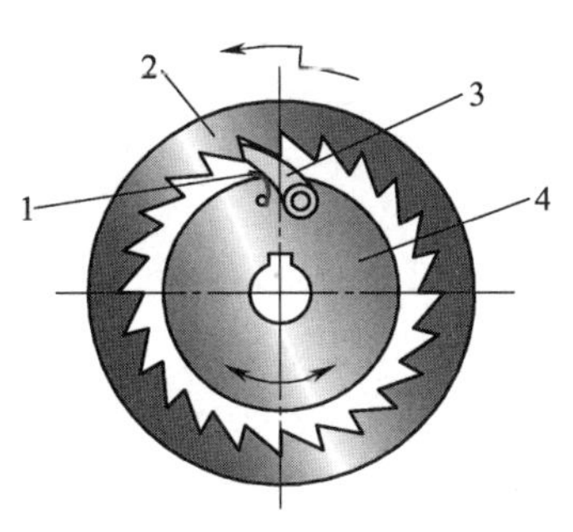

图 3-35　内啮合齿式棘轮机构

1—弹簧　2—棘轮　3—棘爪　4—主动轮

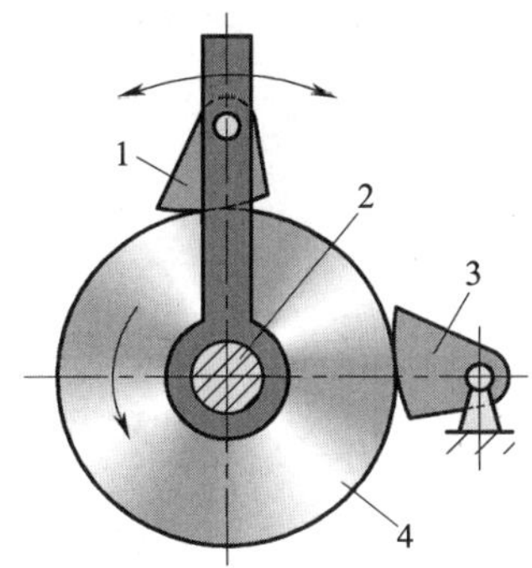

图 3-36　摩擦式棘轮机构

1—主动棘爪　2—传动轴　3—止回棘爪　4—棘轮

（3）棘轮机构的应用

棘轮机构的主要用途有间歇送进、制动和超越等。

牛头刨床（见图 3-37a）在工作时，装有刀架的滑枕做往复直线运动，带动刀具对工件进行切削。在刨刀进行刨削时（工作行程），装夹着工件的工作台不动；在刨刀回程时，工作台横向移动，实现进给运动。如图 3-37b 所示，滑枕的直线往复运动通过由曲柄、滑块和导杆等组成的摆动导杆机构完成。工作台的间歇运动由凸轮通过双摇杆机构（由摇杆 1、连杆和摇杆 2 等组成）带动棘轮机构实现，棘轮机构带动螺旋机构（图中未画出）使工作台在垂直纸面方向做一次进给运动，以便刨刀继续切削。

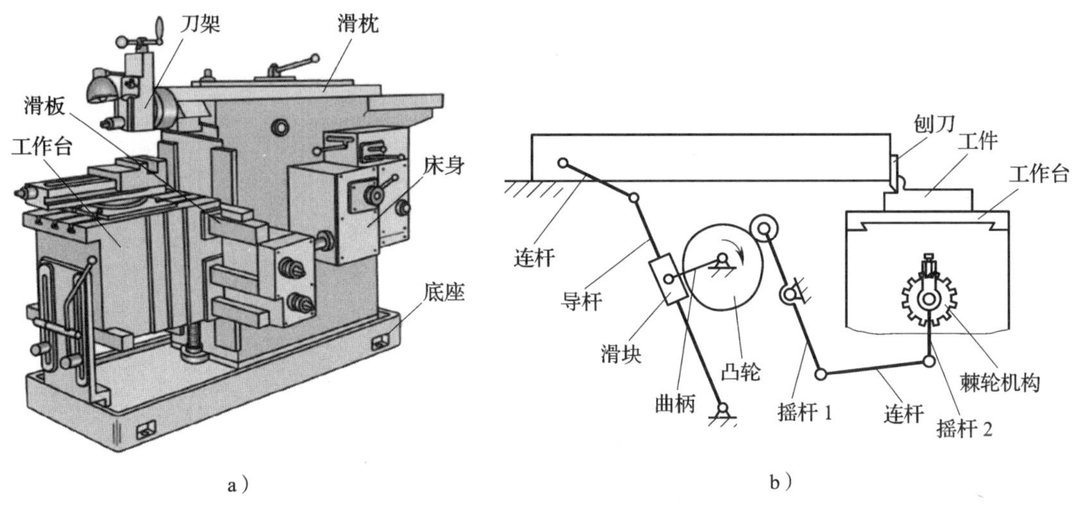

图 3-37　牛头刨床

a）外形图　b）执行机构运动简图

图 3-38 所示为提升机棘轮停止机构，可以有效地防止卷筒倒转。图 3-39 所示为自行车上的飞轮机构，自行车后轴上安装的飞轮机构为内啮合齿式棘轮机构。链轮内圈具有棘齿，棘爪安装在飞轮上。当链条带动链轮转动时，链轮内侧的棘齿通

过棘爪带动后轴转动，驱动自行车前行；当自行车下坡或脚不蹬踏板时，链轮不动，但后轴由于惯性仍按原方向转动，此时棘爪在棘轮齿背上滑过，自行车继续前行。

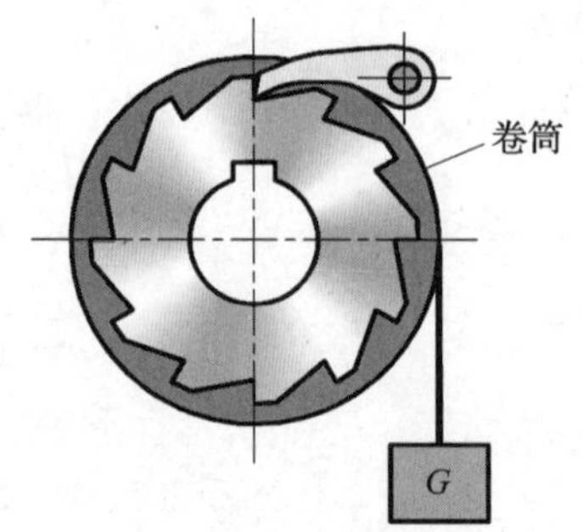

图 3–38　提升机棘轮停止机构

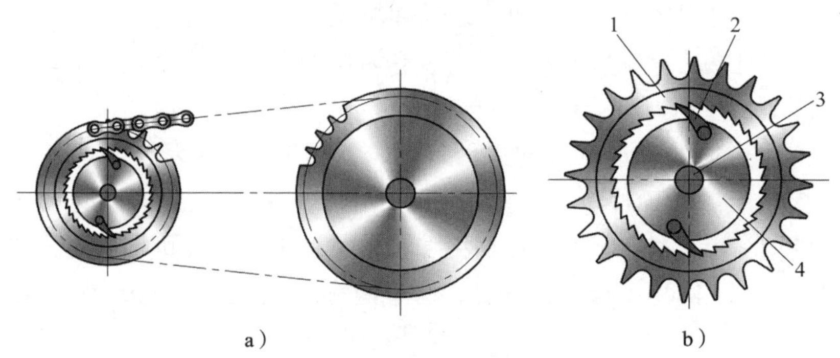

图 3–39　自行车飞轮机构

a）自行车传动系统　b）自行车后轴飞轮结构

1—链轮（棘轮）　2—棘爪　3—后轴　4—飞轮

2. 槽轮机构

（1）槽轮机构的组成和工作原理

槽轮机构如图 3–40 所示，它由主动拨盘 1、从动槽轮 2、圆销 3 和机架等组成。主动拨盘 1 以等角速度做连续回转，当拨盘上的圆销 3 未进入槽轮的径向槽时，由于从动槽轮 2 的内凹锁止弧被主动拨盘 1 的外凸锁止弧卡住，故从动槽轮 2 不动。图示为圆销 3 刚进入从动槽轮 2 径向槽时的位置，此时锁止弧也刚被松开。此后，从动槽轮 2 受圆销 3 的驱使而转动。而圆销 3 在另一边离开径向槽时，内凹锁止弧又被卡住，从动槽轮 2 又静止不动。直至圆销 3 再次进入从动槽轮 2 的另一个径向槽时，又重复上述运动。所以，从动槽轮做时动时停的间歇运动。

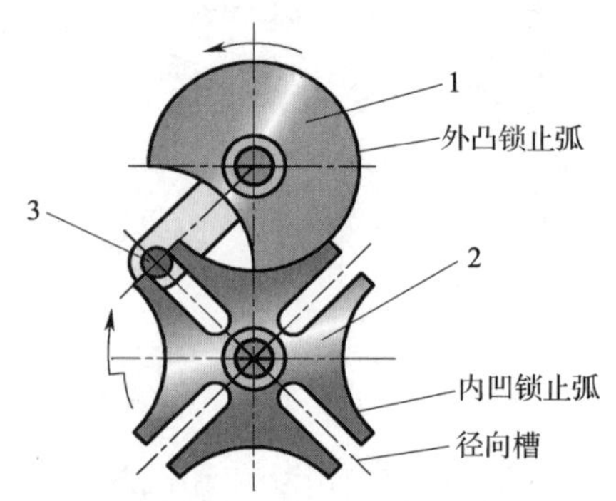

图 3–40　槽轮机构

1—主动拨盘　2—从动槽轮　3—圆销

（2）槽轮机构的常见类型及特点

槽轮机构的常见类型及特点见表 3–7。

表 3-7　槽轮机构的常见类型及特点

类型	图示	特点
单圆销外槽轮机构		主动拨盘每回转一周，圆销拨动槽轮运动一次，且槽轮与主动拨盘的转向相反。槽轮静止不动的时间很长
双圆销外槽轮机构		主动拨盘每回转一周，槽轮运动两次，减少了静止不动的时间。槽轮与主动拨盘的转向相反。增加圆销个数，可使槽轮运动次数增多，但圆销数目不宜太多
内啮合槽轮机构		主动拨盘转动一周，槽轮间歇地转过一个槽口，槽轮与主动拨盘的转向相同。内啮合槽轮机构结构紧凑，传动较平稳，槽轮停歇时间较短

槽轮机构的优点是结构简单，转位方便，工作可靠，传动平稳性好，能准确控制槽轮转角。

槽轮机构的缺点是转角的大小受到槽数限制，不能调节。在槽轮转动的始末位置处，机构存在冲击现象，且随着转速的增加或槽轮槽数的减少而加剧，故不适用于高速场合。

3. 不完全齿轮机构

如图 3-41 所示为外啮合式不完全齿轮机构，该机构的主动齿轮齿数较少，只保留 3 个齿，从动齿轮上制有与主动齿轮轮齿相啮合的轮齿及带锁止弧的厚齿。主动齿轮转 1 周，从动齿轮转 1/6 周，从动齿轮转一周停歇 6 次。这种主动齿轮做连续转动，从动齿轮做间歇运动的齿轮传动机构称为不完全齿轮机构。不完全齿轮机构是由普通渐开线齿轮机构演变而成的一种间歇运动机构。

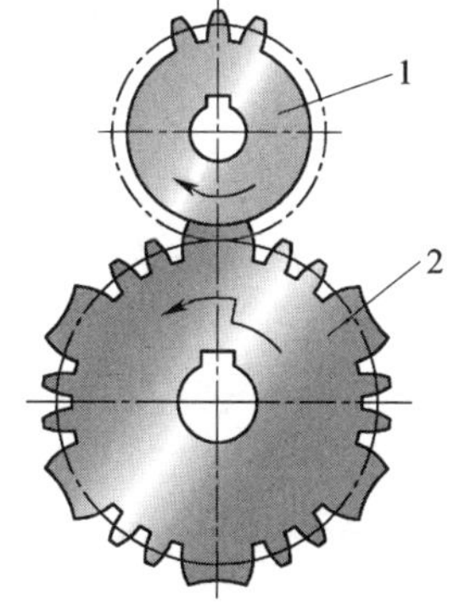

图 3-41　外啮合式不完全齿轮机构

1—主动齿轮　2—从动齿轮

不完全齿轮机构的特点是结构简单、工作可靠、传递力大，但工艺复杂，从动轮在运动的开始与终止位置有较大冲击，一般适用于低速、轻载的场合。

课后练习

1. 什么是曲柄摇杆机构？试列举出它在生产或日常生活中的应用实例。
2. 什么是曲柄滑块机构？试列举出它在生产或日常生活中的应用实例。
3. 什么是急回特性？它有什么用途？
4. 什么是死点位置？它在设备中是有害还是有益？
5. 凸轮机构由哪几部分组成？分为哪几类？
6. 对心外轮廓盘形凸轮机构的运动循环分为哪几种运动？
7. 用等加速、等减速运动规律设计的凸轮机构的从动件有何运动规律？这种凸轮机构有何优点？适用于什么场合？
8. 什么是变速机构？分为哪几种？
9. 什么是换向机构？常用的有哪些？
10. 什么是棘轮机构？分为哪几种？
11. 槽轮机构是如何实现间歇运动的？
12. 什么是不完全齿轮机构？

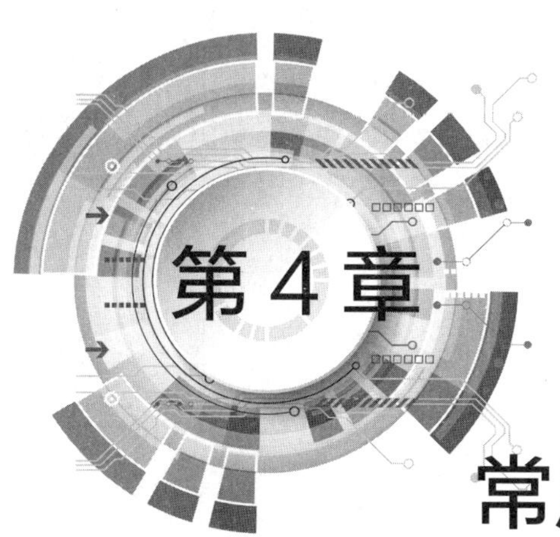

第4章 常用零部件及机械润滑

学习目标

1. 了解键连接的功用，掌握平键连接、半圆键连接、花键连接和楔键连接的结构并了解其应用。
2. 了解销连接的用途、类型、结构、特点及应用。
3. 了解滚动轴承的一般结构；掌握常见滚动轴承的类型及结构并了解其基本特性；了解滚动轴承的安装与密封方法。
4. 掌握滑动轴承的主要结构，了解轴瓦的结构及材料。
5. 了解联轴器、离合器和制动器的功用，掌握常用联轴器、离合器和制动器的结构和工作原理。
6. 了解润滑的作用、方式及常用机械零部件的润滑。

第1节　键、销及其连接

机器都是由各种零件装配而成的，零件与零件之间存在着各种不同形式的连接。键连接和销连接是两种常用的连接形式，如图4-1所示为在轴上安装了V带轮，带轮的周向固定用键连接，套的固定用销连接。

一、键连接

键连接可以实现轴与轴上零件（如齿轮、带轮等）之间的周向固定，并传递运动和转矩。键连接具有结构简单、拆装方便、工作可靠及可实现标准化等特点，故在机械中应用极为广泛。键连接主要有平键连接、半圆键连接、花键连接和楔键连接等。

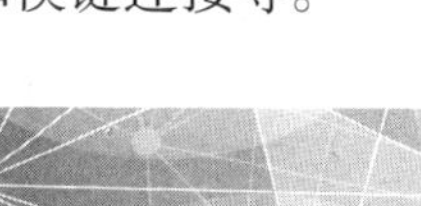

1. 平键连接

平键连接的特点是靠平键的两侧面传递转矩，因此，键的两侧面是工作面，对中性好；而键的上表面与轮毂上的键槽槽底留有间隙，以便于装配。根据用途不同，平键分为普通型平键、导向型平键和滑键等。

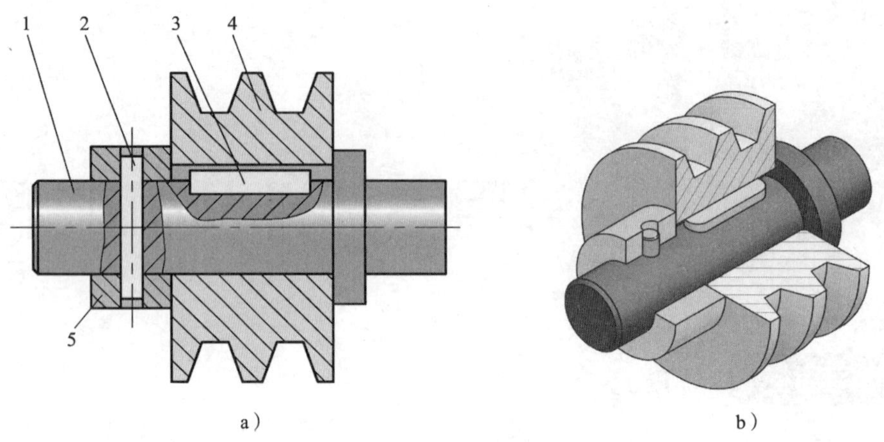

图 4–1　键、销连接
a）视图　b）立体图
1—轴　2—销　3—键　4—V 带轮　5—套

（1）普通型平键连接

普通型平键连接用于轴和轴上零件的周向固定，如图 4–2 所示。普通型平键的两侧面是工作表面，连接时键的侧面与键槽接触，键的顶端与孔上的键槽槽底之间有间隙。

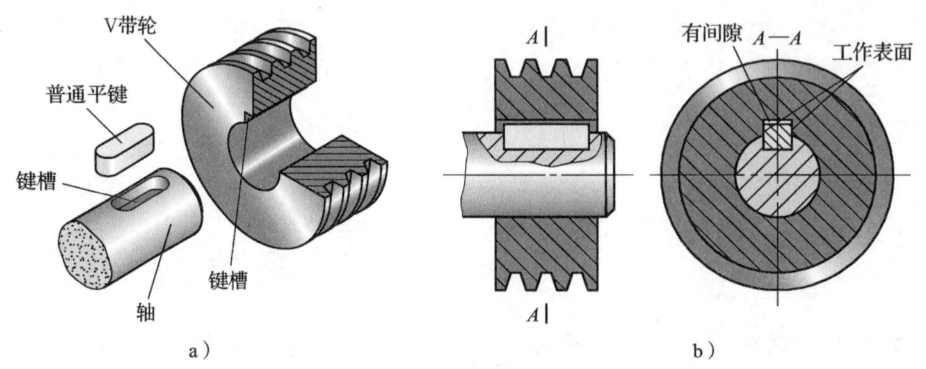

图 4–2　普通型平键连接
a）分解图　b）连接图

普通型平键按键的端部形状不同，分为圆头（A 型）、方头（B 型）和单圆头（C 型）三种形式，如图 4–3 所示。圆头普通型平键（A 型）在键槽中不会发生轴向移动，因而应用最广，单圆头普通型平键（C 型）则多应用于轴的端部。

普通型平键的材料通常选用 45 钢。当轮毂为有色金属或非金属时，键可用 20 钢或 Q235 钢制造。普通型平键工作时，轴和轴上零件沿轴向不能有相对移动。

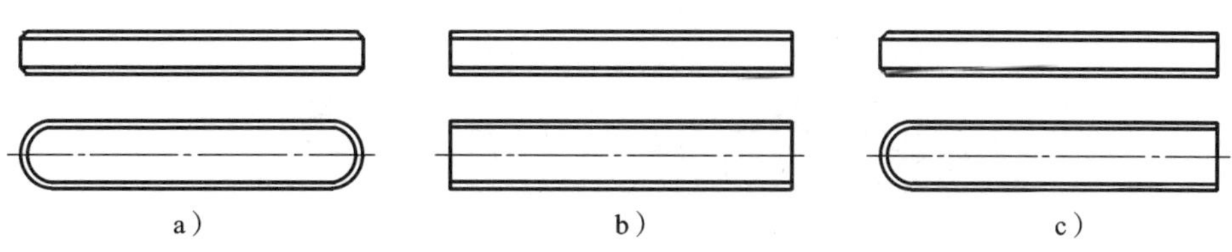

图 4-3　普通型平键

a）圆头（A 型）　b）方头（B 型）　c）单圆头（C 型）

普通型平键是标准件，应用时可根据用途、轴颈的直径和轮毂长度等选取键的类型和尺寸。

（2）导向型平键连接和滑键连接

当被连接齿轮等零件的轮毂需要在轴上沿轴向移动时，可采用导向型平键连接或滑键连接。

1）导向型平键连接

导向型平键及连接如图 4-4 所示。导向型平键比普通型平键长，为防止松动，通常用螺钉固定在轴上的键槽中，键与轮毂槽采用间隙配合，因此，轴上零件能做轴向滑动。为便于拆卸，键上设有起键螺孔。导向型平键常用于轴上零件移动量不大的场合，如机床变速箱中的滑移齿轮。

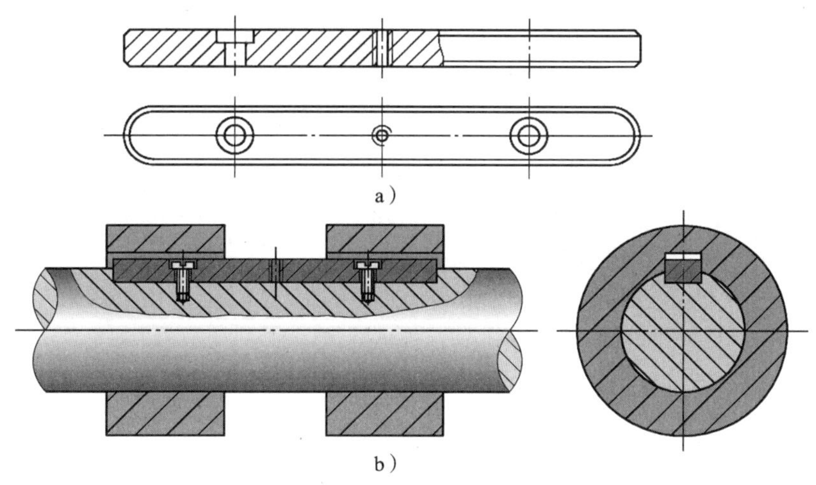

图 4-4　导向型平键及连接

a）导向型平键　b）导向型平键连接

2）滑键连接

滑键连接一般有两种形式，如图 4-5 所示。滑键的侧面为工作面，靠侧面传递动力，对中性好，拆装方便。滑键固定在轮毂上，轮毂带动滑键在轴上的键槽中做轴向滑移。键长不受滑动距离的限制，只需在轴上铣出较长的键槽即可实现轴上零件较长距离的滑移。

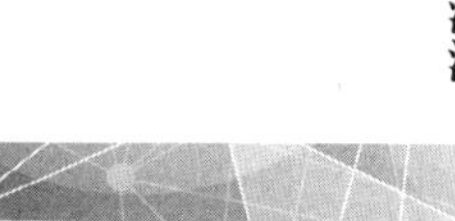

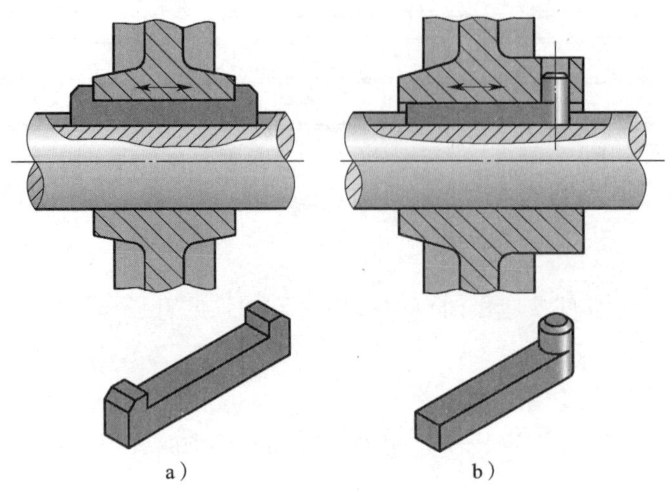

图 4–5　滑键连接

a）钩头滑键连接　b）圆柱头滑键连接

2. 其他键连接

（1）半圆键连接

半圆键连接如图 4–6 所示。半圆键的工作面是键的两侧面，因此与平键一样，具有较好的对中性。半圆键可在轴上的键槽中绕槽底圆弧摆动，可用于锥形轴与轮毂的连接。它的缺点是键槽对轴的强度削弱较大，只适用于轻载连接。

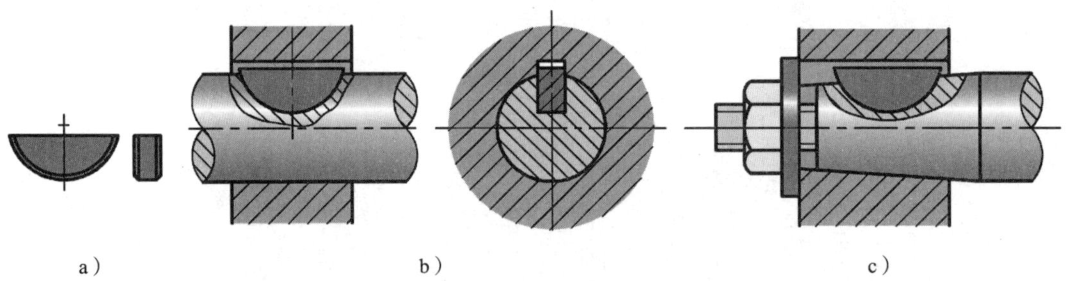

图 4–6　半圆键连接

a）半圆键　b）连接圆柱轴　c）连接圆锥轴

（2）花键连接

如图 4–7 所示，由沿轴和轮毂孔周向均布的多个键齿相互啮合而形成的连接称为花键连接，花键连接包括外花键和内花键。

花键连接的特点如下：

1）花键连接是多齿传递载荷，故承载能力高。

2）花键的齿浅，对轴的强度削弱较小。

3）对中性及导向性好。

4）加工需用专用设备，成本高。

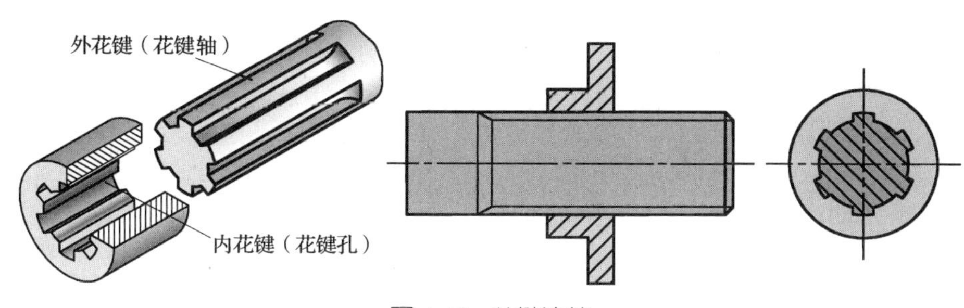

图 4–7　花键连接

花键连接多用于重载和要求对中性好的场合，尤其适用于经常滑动的连接。按齿形不同，花键连接分为矩形花键连接（见图 4–8）和渐开线花键连接（见图 4–9）。

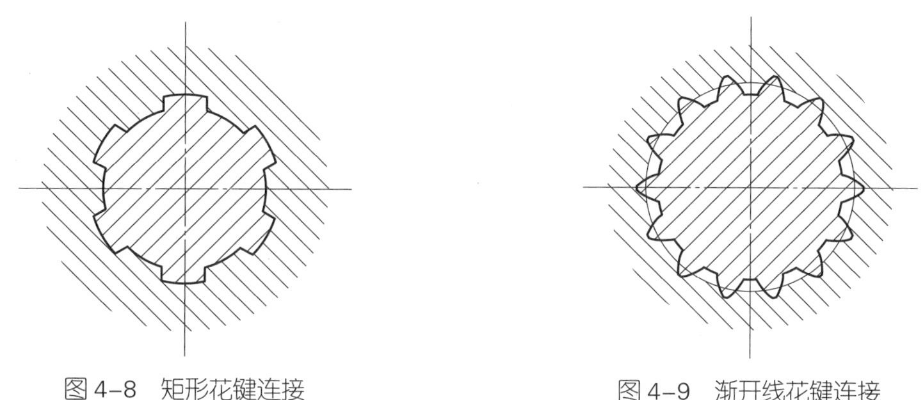

图 4–8　矩形花键连接　　图 4–9　渐开线花键连接

（3）楔键连接

楔键连接分为普通型楔键连接和钩头型楔键连接，如图 4–10 所示。普通型楔键连接用于可以从小端将楔键打出的场合，钩头型楔键连接用于不能从一端将楔键打出的场合，钩头供拆卸用。键的上表面和毂槽的槽底都有 1∶100 的斜度，安装时打入、楔紧。楔键的上下表面与轴和轮毂接触，是工作表面；楔键与键槽的两个侧面不相接触（采用公称尺寸相同的间隙配合），为非工作面。楔键连接能使轴上零件周向固定，

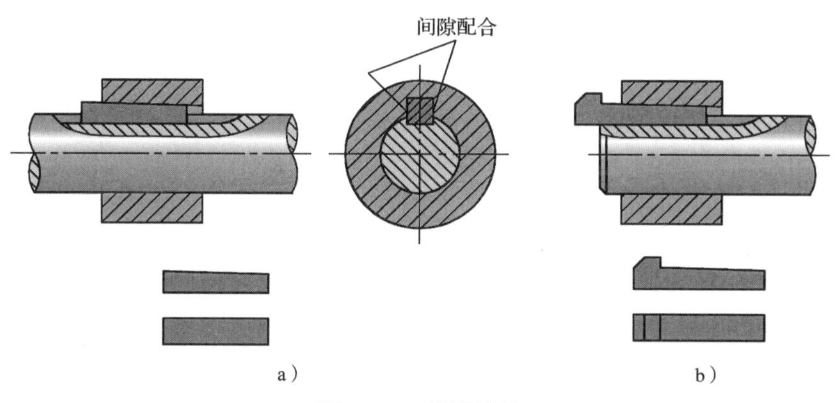

图 4–10　楔键连接
a）普通型楔键连接　b）钩头型楔键连接

并能使零件承受单方向的轴向力。楔键侧面为非工作面，因此，楔键连接的对中性差。楔键连接常用于定心精度要求不高和低速的场合。根据国家标准的规定，由于槽和键宽度方向为间隙配合，其公称尺寸相同，所以在图样上间隙表现不出来。

二、销连接

1. 销的用途

销连接主要用于定位（作为组合加工和装配时的辅助零件，用于确定零件间的相对位置，见图 4–11a），也可用于轴与毂或其他零件的连接（见图 4–11b），还可以作为安全装置中的过载保护零件（见图 4–11c）。

安全销在机器过载时应被剪断，因此，销的直径应按过载时被剪断的条件确定。为了确保安全销被剪断前不发生挤压破坏，通常在安全销上安装销套。销套有两个，分别安装在两个被连接件上的孔内，如图 4–11c 所示。

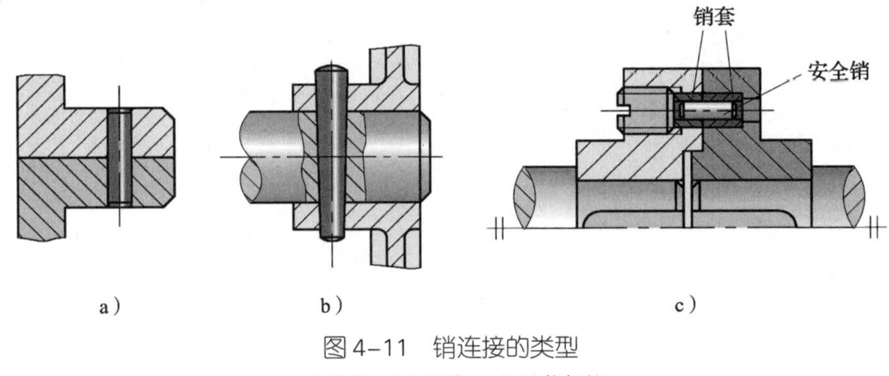

图 4–11　销连接的类型

a）定位　b）连接　c）过载保护

2. 销的类型、结构、特点及应用

销的形式很多，基本类型有圆柱销和圆锥销两种，它们均有带螺纹和不带螺纹两种形式。销的结构和参数已标准化，常用圆柱销和圆锥销的结构、特点及应用见表 4–1。

表 4–1　常用圆柱销和圆锥销的结构、特点及应用

类型	结构	应用图例	特点及应用
圆柱销（GB/T 119.1—2000、GB/T 119.2—2000）			主要用于定位，也可用于连接。GB/T 119.1—2000 的直径公差有 m6 和 h8 两种，GB/T 119.2—2000 的直径公差为 m6。常用的定位或连接孔的加工方法有配钻、配铰等

续表

类型	结构	应用图例	特点及应用
内螺纹圆柱销（GB/T 120.1—2000）	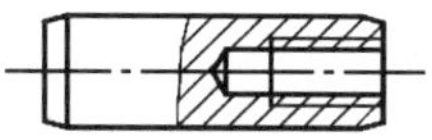	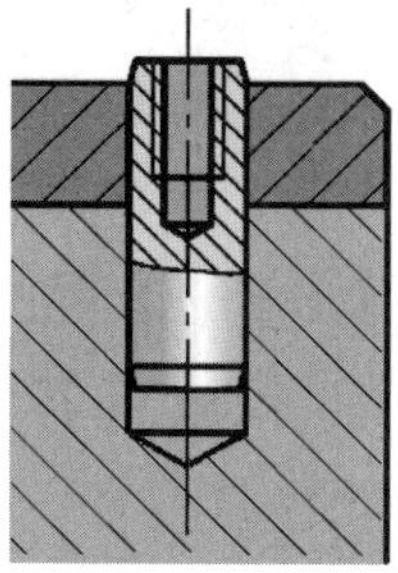	主要用于定位，也可用于连接。内螺纹供拆卸用。公差只有m6一种，常用的定位或连接孔的加工方法有配钻、配铰等
圆锥销（GB/T 117—2000）	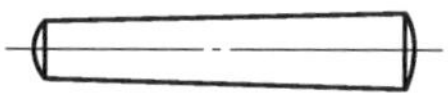	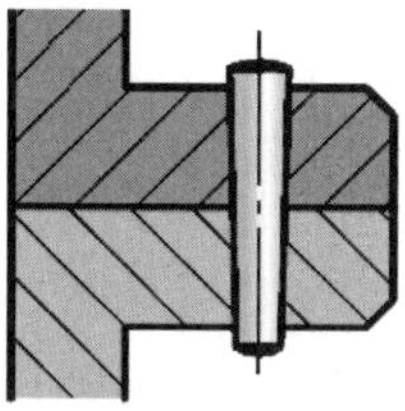	有1∶50的锥度，与相同锥度的铰制孔相配。圆锥销安装方便，主要用于定位，也可用于固定零件、传递动力，多用于经常拆卸的场合。定位精度比圆柱销高，在受横向力时能自锁
内螺纹圆锥销（GB/T 118—2000）	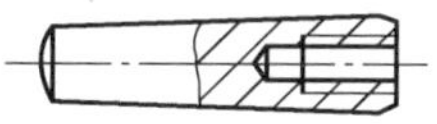	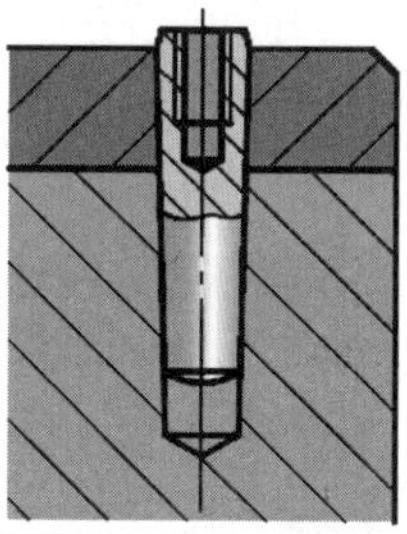	螺孔用于拆卸，可用于不通孔。有1∶50的锥度，与相同锥度的铰制孔相配。拆装方便，可多次拆装，定位精度比圆柱销高，能自锁
开尾圆锥销（GB/T 877—1986）		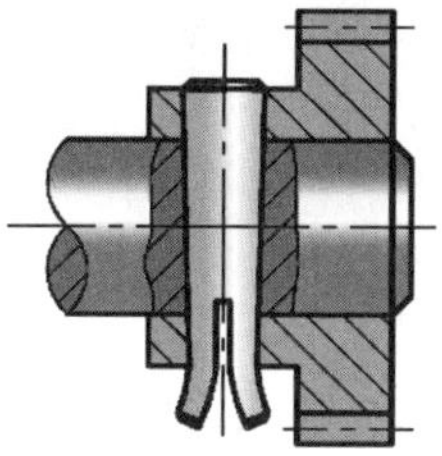	有1∶50的锥度，与相同锥度的铰制孔相配。打入销孔后，末端可稍张开，避免松脱，用于有冲击、振动的场合
螺尾锥销（GB/T 881—2000）	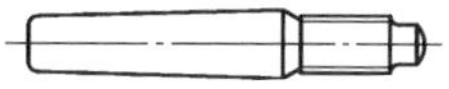	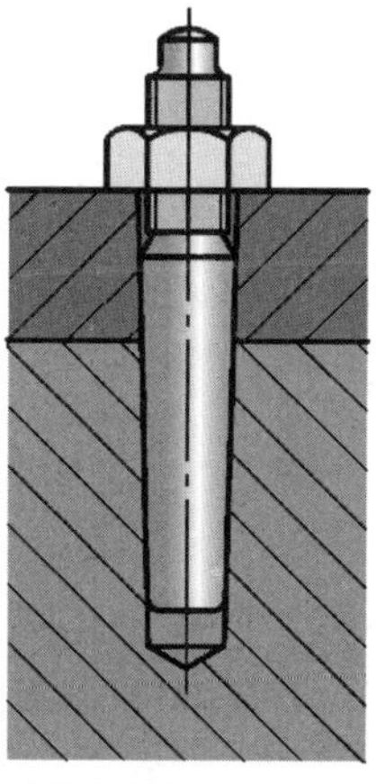	螺纹用于拆卸，有1∶50的锥度，与相同锥度的铰制孔相配。拆装方便，可多次拆装，定位精度比圆柱销高，能自锁

第2节 轴　　承

在机械中，轴承是支撑转动的轴及轴上零件的部件，用以保证轴的旋转精度，减少轴与轴座之间的摩擦和磨损，轴承性能的好坏直接影响机器的使用性能。根据摩擦性质不同，轴承分为滚动轴承和滑动轴承两大类。

一、滚动轴承

1. 滚动轴承的结构

滚动轴承是将运转的轴与机座之间的滑动摩擦变为滚动摩擦，从而减少摩擦损失的一种精密部件。滚动轴承的结构如图 4–12 所示，它一般由内圈、外圈、滚动体和保持架组成。一般情况下，内圈装在轴颈上，与轴一起转动；外圈装在机座的轴承孔内固定不动（惰轮、张紧轮、压紧轮等装配的轴承是外圈转，内圈不转）。内、外圈上设置有滚道，当内、外圈相对旋转时，滚动体沿着滚道滚动。常见的滚动体如图 4–13 所示。保持架的作用是分隔开两个相邻的滚动体，以减少滚动体之间的碰撞和摩擦。常见的保持架结构形式如图 4–14 所示。

图 4–12　滚动轴承的结构

a）球轴承　b）滚子轴承

1—外圈　2—内圈　3—滚动体　4—保持架

图 4–13　滚动体

a）球　b）圆柱滚子　c）圆锥滚子　d）球面滚子　e）滚针

a）

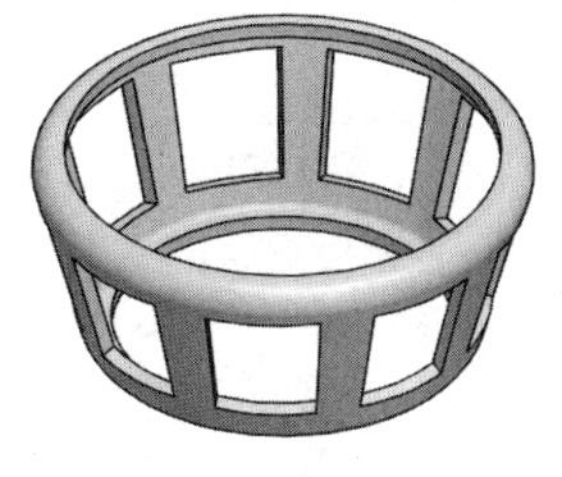

b）

图 4–14　保持架

a）深沟球轴承用保持架　b）圆锥滚子轴承用保持架

2. 滚动轴承的类型

滚动轴承可分为向心轴承和推力轴承。向心轴承又可分为径向接触轴承和向心角接触轴承。径向接触轴承主要承受径向载荷，有些可承受较小的轴向载荷，向心角接触轴承能同时承受径向载荷和轴向载荷。推力轴承又可分为轴向接触轴承和推力角接触轴承。轴向接触轴承只能承受轴向载荷，推力角接触轴承主要承受轴向载荷，也可承受较小的径向载荷。

滚动轴承的种类非常多，以便满足各种不同的工况条件和要求，常用滚动轴承的类型和特性见表 4–2。

表 4–2　常用滚动轴承的类型和特性

序号	类型	结构图	结构简图	承载方向	基本特性
1	深沟球轴承（GB/T 276—2013）				主要承受径向载荷，也可同时承受少量双向轴向载荷。摩擦阻力小，极限转速高，结构简单，价格便宜，应用广泛
2	圆锥滚子轴承（GB/T 297—2015）				能同时承受较大的径向载荷和轴向载荷。内、外圈可分离，通常成对使用，对称布置安装

续表

序号	类型	结构图		结构简图	承载方向	基本特性
3	推力球轴承（GB/T 301—2015）	单向		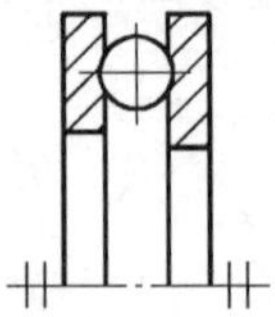	 ←	只能承受单向轴向载荷，适用于轴向载荷大、转速不高的场合
		双向		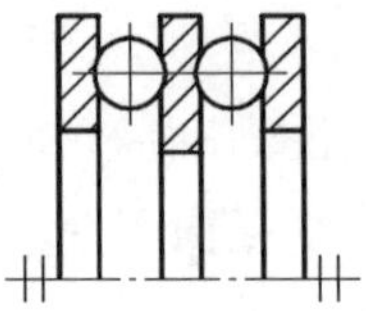	 ↔	可承受双向轴向载荷，适用于轴向载荷大、转速不高的场合
4	圆柱滚子轴承（GB/T 283—2007）			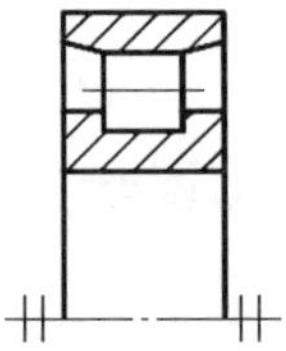	 ↑	有内圈无挡边、外圈无挡边等形式，图示为外圈无挡边圆柱滚子轴承，它只能承受纯径向载荷。与球轴承相比，承受载荷的能力较大，尤其是承受冲击载荷的能力大，但极限转速较低
5	调心球轴承（GB/T 281—2013）			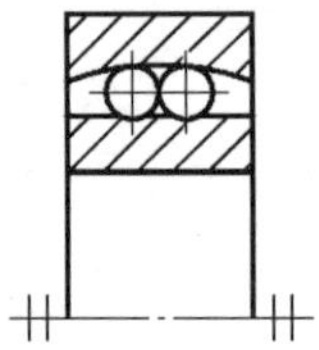	 ↑ ↔	主要承受径向载荷，同时可承受少量双向轴向载荷。外圈内滚道为球面，能自动调心，允许有少量的角偏差。适用于弯曲刚度小的轴
6	调心滚子轴承（GB/T 288—2013）			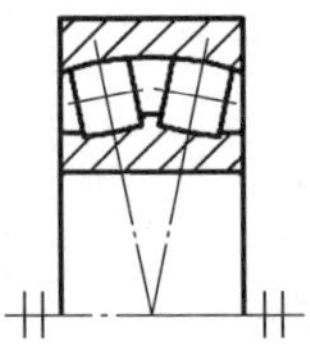	 ↑ ↔	主要承受径向载荷，同时能承受少量双向轴向载荷，其承载能力比调心球轴承大；具有自动调心性能，允许有少量的角偏差。适用于重载和冲击载荷的场合

续表

序号	类型	结构图	结构简图	承载方向	基本特性
7	推力调心滚子轴承（GB/T 5859—2008）				可以承受很大的轴向载荷和不大的径向载荷，允许有少量的角偏差。适用于重载和要求调心性能好的场合
8	角接触球轴承（GB/T 292—2007）				能同时承受径向载荷与轴向载荷。适用于转速较高，同时承受径向载荷和轴向载荷的场合
9	推力圆柱滚子轴承（GB/T 4663—2017）				能承受很大的单向轴向载荷，承载能力比推力球轴承大得多，不允许有角偏差

3. 滚动轴承的标记

滚动轴承的标记由三部分组成，即：

轴承名称　轴承代号　标准编号

滚动轴承的标记示例：滚动轴承　6208　GB/T 276—2013。

根据 GB/T 276—2013 可知，该滚动轴承为深沟球轴承，6208 是滚动轴承的代号，查阅标准可得该深沟球轴承的有关尺寸，如轴承的宽度 B=18 mm，内径 d=40 mm，外径 D=80 mm。

4. 滚动轴承的固定

一般情况下，滚动轴承的内圈装在被支承轴的轴颈上，外圈装在轴承座（或机座）孔内。安装滚动轴承时，对其内、外圈都要进行必要的轴向固定，以防运转中产生轴向窜动。

（1）滚动轴承内圈的轴向固定

滚动轴承内圈在轴上通常用轴肩或套筒定位，定位端面与轴线要保持良好的垂直度。滚动轴承内圈的轴向固定应根据所受轴向载荷的情况，合理选用轴端挡圈、圆螺母或轴用弹性挡圈等固定形式。常用滚动轴承内圈的轴向固定形式见表 4-3。

表 4-3　常用滚动轴承内圈的轴向固定形式

形式	利用轴肩的单向固定	利用轴肩和轴用弹性挡圈的双向固定
图示		轴用弹性挡圈
形式	利用轴肩和轴端挡圈的双向固定	利用轴肩和圆螺母的双向固定
图示	轴端挡圈 螺栓	止动垫圈 圆螺母

（2）滚动轴承外圈的轴向固定

滚动轴承外圈在机座孔中一般用座孔的台阶定位，定位端面与轴线也需保持良好的垂直度。滚动轴承外圈的轴向固定也可采用轴承盖或孔用弹性挡圈等。常用滚动轴承外圈的轴向固定形式见表 4–4。

表 4-4　常用滚动轴承外圈的轴向固定形式

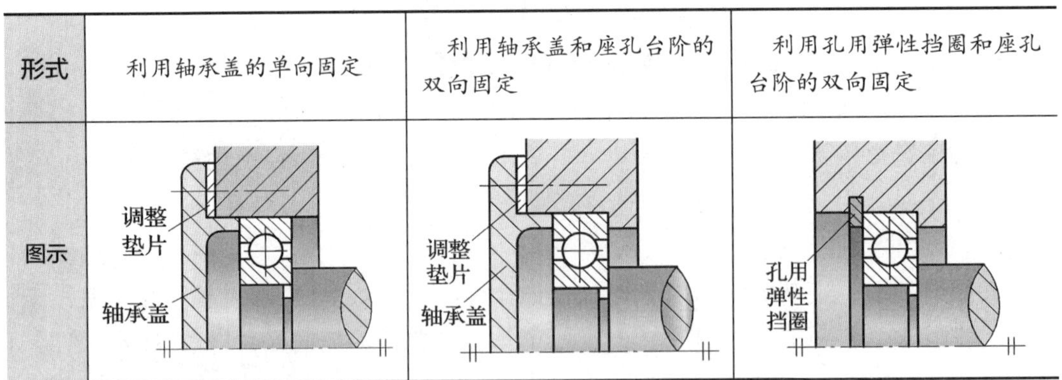

形式	利用轴承盖的单向固定	利用轴承盖和座孔台阶的双向固定	利用孔用弹性挡圈和座孔台阶的双向固定
图示	调整垫片 轴承盖	调整垫片 轴承盖	孔用弹性挡圈

5. 滚动轴承的密封

密封的目的是防止灰尘、水分、杂质等侵入轴承内部和阻止润滑剂的流失。良好的密封可保证机器正常工作、降低噪声并延长轴承的使用寿命。滚动轴承常用的密封方式有接触式密封和非接触式密封两类，见表 4–5。

表 4-5　滚动轴承常用的密封方式

类型			图示	说明	适用场合
接触式密封	毛毡圈密封		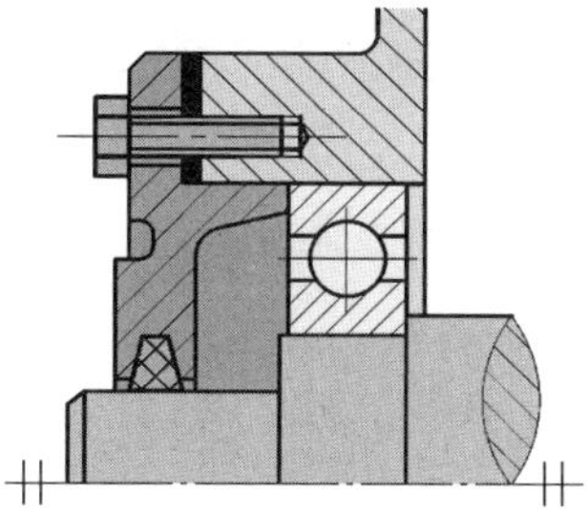	矩形断面的毛毡圈被安装在梯形槽内，它对轴产生一定的压力而起到密封作用	用于润滑脂或黏度较大的润滑油润滑。要求环境清洁，轴颈圆周速度不高于 4 ~ 5 m/s，工作温度不高于 90 ℃
	唇形密封圈密封		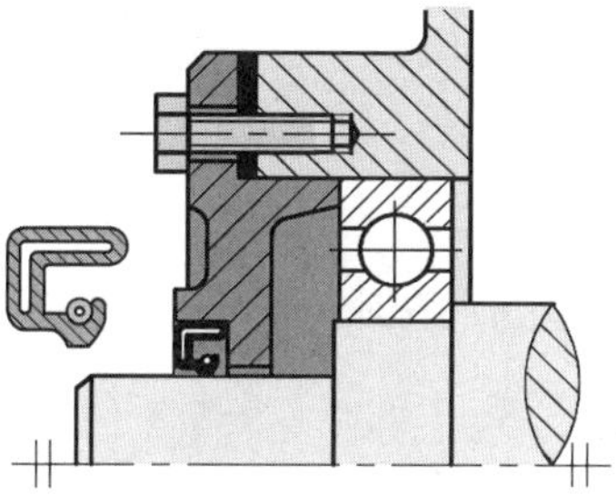	唇形密封圈是标准件，其主要材料为耐油橡胶。安装时，如果密封唇朝里，则主要防止润滑剂泄漏；如果密封唇朝外，则主要防止灰尘、杂质侵入	用于润滑脂润滑或润滑油润滑。要求轴颈圆周速度小于 7 m/s，工作温度不高于 100 ℃
非接触式密封	间隙密封		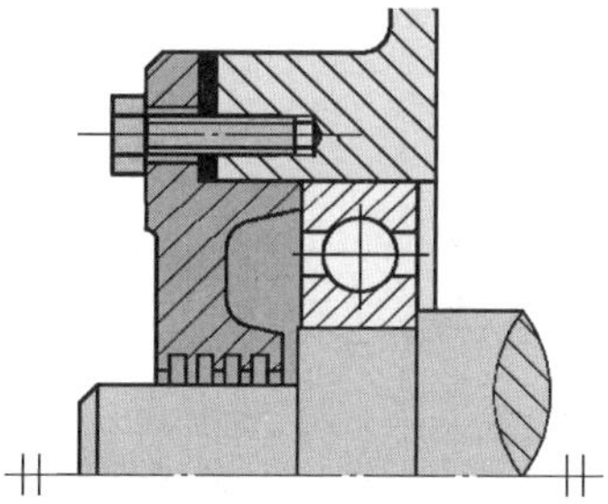	靠轴与轴承盖孔之间的细小间隙密封，间隙越小越长，效果越好，间隙一般取 0.1 ~ 0.3 mm，油沟能增强密封效果	用于润滑脂润滑。要求环境干燥、清洁
	曲路密封	径向	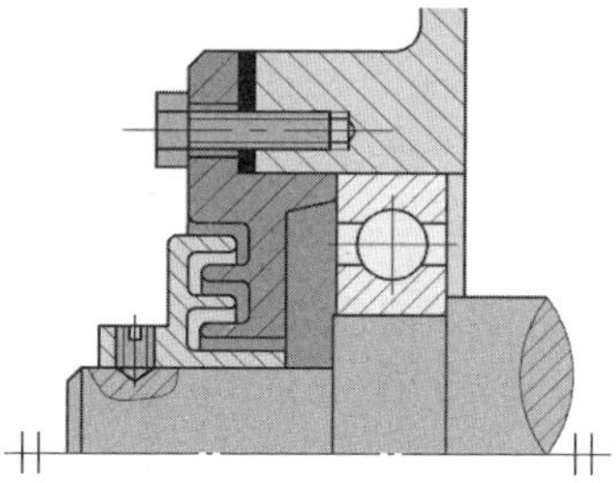	将旋转件与静止件之间的间隙做成曲路形式，在间隙中填充润滑油或润滑脂以增强密封效果	用于润滑脂润滑或润滑油润滑，密封效果可靠
		轴向			

二、滑动轴承

滑动轴承是指仅发生滑动摩擦的轴承，与滚动轴承相比，滑动轴承的主要优点是运转平稳可靠，径向尺寸小，承载能力大，抗冲击能力强，能获得很高的旋转精度，可实现液体润滑，并能在较恶劣的条件下工作。滑动轴承适用于低速、重载或转速特别高、对轴的支撑精度要求较高以及径向尺寸受限制的场合。

1. 滑动轴承的主要结构形式

滑动轴承一般由轴承座、轴瓦和润滑装置等部分组成。滑动轴承按承载方向分为径向滑动轴承和止推滑动轴承。

（1）径向滑动轴承

径向滑动轴承是指承受径向载荷的滑动轴承，主要有整体式径向滑动轴承、对开式径向滑动轴承和调心式径向滑动轴承等。

1）整体式径向滑动轴承

整体式径向滑动轴承的结构形式如图 4–15 所示，它由轴承座、整体轴瓦等组成。

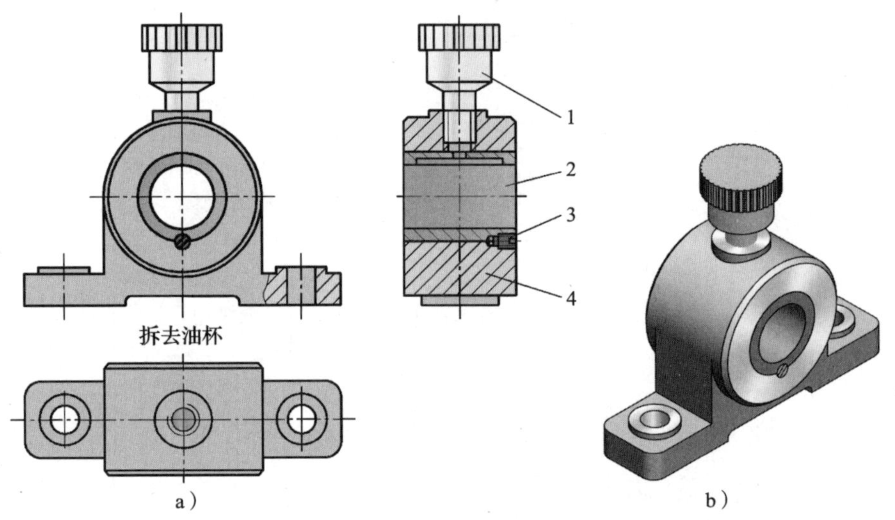

图 4–15　整体式径向滑动轴承

a）结构图　b）实体图

1—油杯　2—整体轴瓦　3—紧定螺钉　4—轴承座

轴承座上面设有安装润滑油杯的螺纹孔，在轴瓦上开有油孔，并在轴瓦的内表面上开有油槽。

整体式径向滑动轴承的优点是结构简单，成本低廉。它的缺点是轴瓦磨损后，轴承间隙过大时无法调整；另外，轴只能从轴颈端部装拆，对于重型机械的轴或具有中间轴颈的轴，装拆很不方便。因此，它多用于低速、轻载或间歇性工作的机器中。

2）对开式径向滑动轴承

对开式径向滑动轴承的结构如图 4–16 所示，它由轴承座、轴承盖、上轴瓦、下轴瓦和连接螺栓等组成。轴承盖和轴承座的结合面常做成阶梯形，以便于对中定位。轴承盖上有螺孔，用于安装油杯或油管。对开式轴瓦由上下两部分组成，在上轴瓦上开设油孔和油槽，润滑油通过油孔和油槽流入轴承间隙。

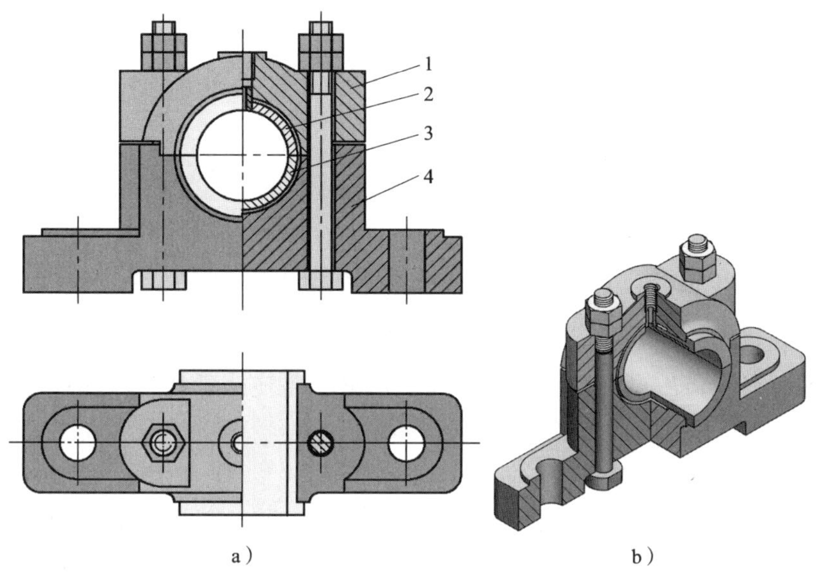

图 4–16　对开式径向滑动轴承

a）结构图　b）实体图

1—轴承盖　2—上轴瓦　3—下轴瓦　4—轴承座

对开式径向滑动轴承装拆方便，磨损后轴承的径向间隙可以通过减少结合面处的垫片厚度来调整，因此应用较广。

3）调心式径向滑动轴承

若轴承的宽度较大（宽度:直径 >1.5）时，常把轴瓦的支撑面做成球面，与轴承盖及轴承座的球形内表面配合，如图 4–17 所示。轴瓦可以自动调位，以适应轴受力弯曲时轴线产生的倾斜，避免轴与轴承两端局部接触而产生的磨损。但球面不易加工。

（2）止推滑动轴承

止推滑动轴承是指用来承受轴向载荷的滑动轴承，又称为推力滑动轴承。图 4–18 所示为一种立式止推滑动轴承，由轴承座 1、止推轴瓦 2、衬套 3、径向轴瓦 5、销钉 6 等组成。止推轴瓦 2 的底部为球面，以便于对中和保证工作表面受力均匀；销钉 6 用来防止止推轴瓦随轴转动。润滑油由下部油管注入，从上部油管导出。

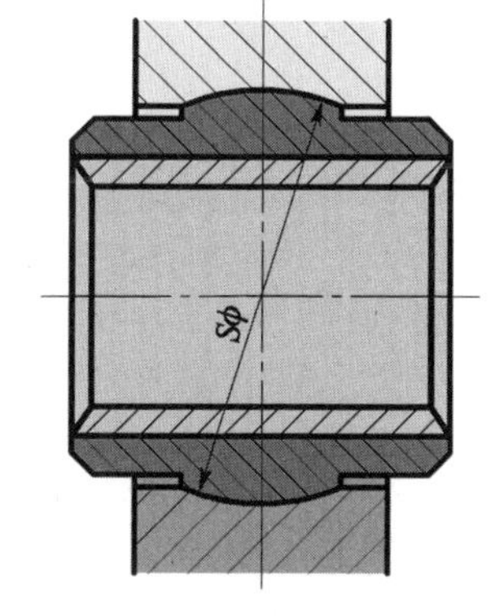

图 4–17　调心式径向滑动轴承

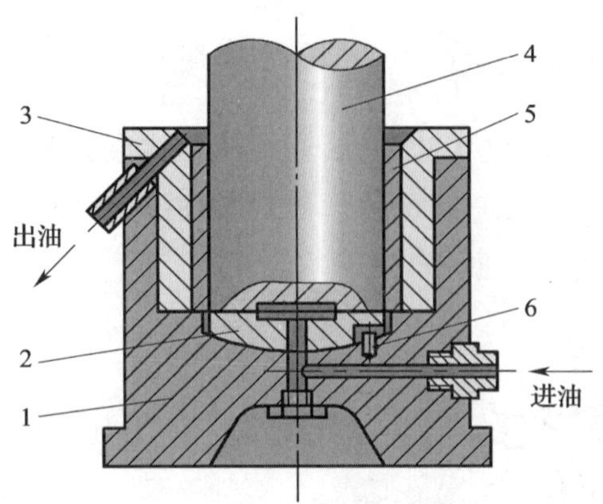

图 4–18　立式止推滑动轴承

1—轴承座　2—止推轴瓦　3—衬套　4—轴　5—径向轴瓦　6—销钉

2. 轴瓦的结构及材料

（1）轴瓦的结构

径向滑动轴承的轴瓦有整体式和对开式两种。整体式轴瓦（又称轴套）用于整体式滑动轴承，对开式轴瓦用于对开式滑动轴承。

1）整体式轴瓦

整体式轴瓦的结构如图 4–19 所示，有整体轴瓦和卷制轴瓦等结构。图 4–19b 所示轴瓦制有油孔与油沟，以便于给轴承注入润滑油。卷制轴瓦是用轴承材料或敷有轴承材料的钢带卷制而成的薄壁轴套。

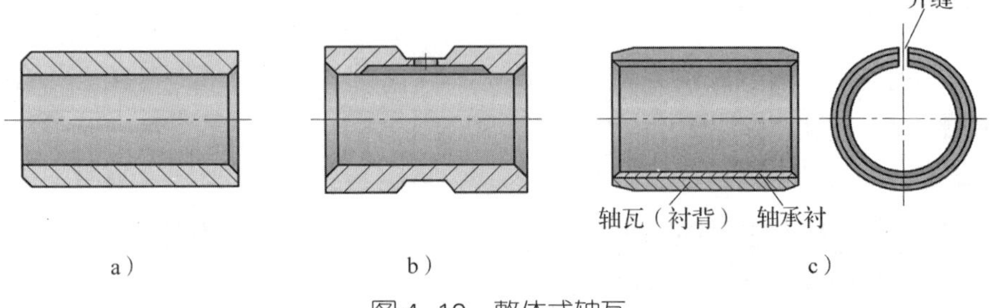

图 4–19　整体式轴瓦

a）、b）整体轴瓦　c）卷制轴瓦

2）对开式轴瓦

对开式轴瓦的结构如图 4–20 所示，主要由上、下两个半轴瓦组成，结合面上开有轴向油槽，轴瓦由单层材料或多层材料制成。双层轴瓦由轴承衬背和减磨层组成，轴承衬背具有一定的强度和刚度，减摩层具有较好的减摩性和耐磨性。

（2）轴瓦的材料

轴瓦的材料应根据轴承的工作情况进行选择。由于轴瓦在使用时会产生摩擦、磨损、发热等问题，因此，要求轴瓦的材料具有良好的减摩性、耐磨性和抗胶合性以及足够的强度。常用的轴瓦材料有轴承合金、铜合金、铸铁及非金属材料、粉末冶金材料等。

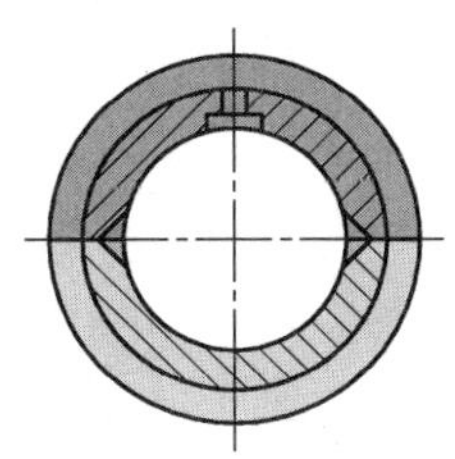
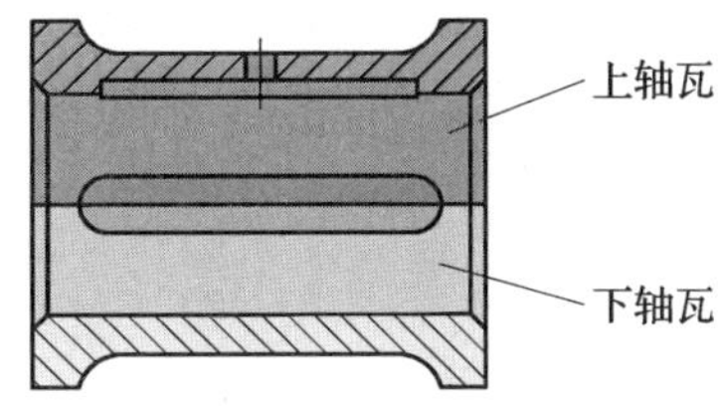

图 4-20　对开式轴瓦

第 3 节　联轴器、离合器和制动器

在生产、生活中，许多机器或设备都需要用到联轴器、离合器和制动器。联轴器和离合器用来连接两轴，使之一同回转并传递运动与转矩，有时也用作安全装置。联轴器在机器停车后用拆卸方法才能把两轴分离或连接。离合器在机械运转过程中，可使两轴随时结合或分离。制动器主要用来降低机械运动速度或使机械停止运转，有时也用作限速装置。

一、联轴器

联轴器是机械传动中的常用部件，用联轴器连接的两根轴属于不同的机器或部件，如图 4-21 所示为离心泵结构简图，电动机与减速器、减速器与离心泵之间采用了联轴器连接。

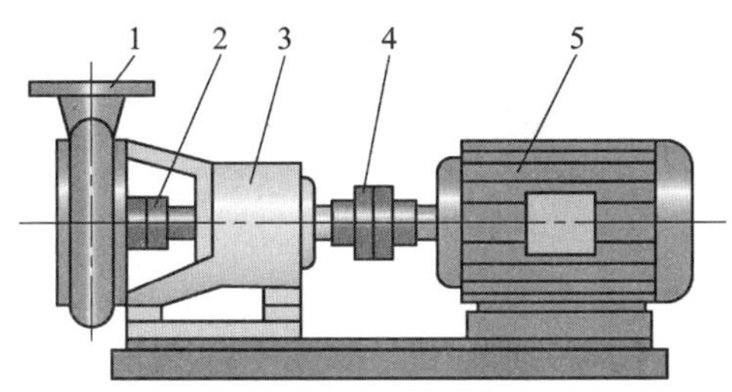

图 4-21　离心泵结构简图

1—离心泵　2、4—联轴器　3—减速器　5—电动机

联轴器的类型很多，根据性能可分为刚性联轴器和挠性联轴器两类，其中挠性联轴器又分为无弹性元件挠性联轴器和有弹性元件挠性联轴器。

1. 刚性联轴器

刚性联轴器结构简单，制造容易，不需要维护，成本低，但是不具有补偿功能，要求两轴严格精确对中。常用的刚性联轴器有凸缘联轴器和套筒联轴器等。

（1）凸缘联轴器

凸缘联轴器应用最为广泛，其结构如图 4-22 所示，它由两个半联轴器（凸缘盘）、连接螺栓和键等组成。图 4–22a 所示为凸缘联轴器（基本型），它依靠六角头铰制孔用螺栓与半联轴器上铰制孔的过渡配合实现两轴对中。图 4–22b 所示为有对中榫凸缘联轴器，靠半联轴器上的凸肩和凹槽实现两轴对中。

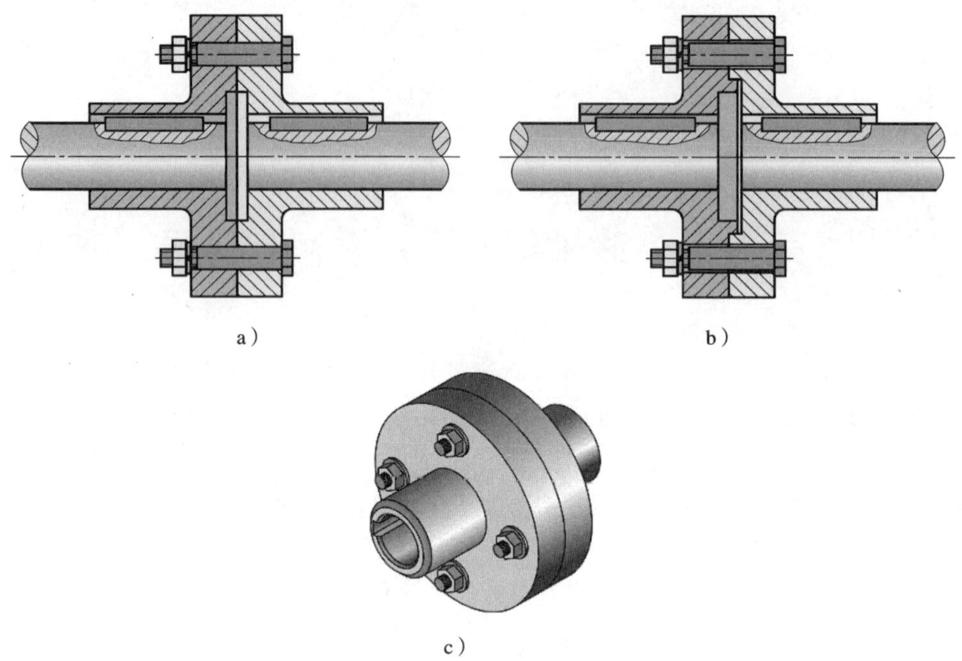

图 4–22　凸缘联轴器
a）凸缘联轴器（基本型）　b）有对中榫凸缘联轴器　c）立体图

凸缘联轴器结构简单，工作可靠，传递转矩大，装拆方便，适用于连接两轴刚性大、对中性好、安装精度高且转速较低、载荷平稳的场合。凸缘联轴器已经标准化，其尺寸可按有关国家标准选用。

（2）套筒联轴器

如图 4–23 所示，套筒联轴器由套筒、连接件（键或销）等组成。图 4–23a 所示套筒联轴器用平键将套筒和轴连为一体，可传递较大的转矩，紧定螺钉用作套筒的轴向固定。图 4–23b 所示套筒联轴器用圆锥销将套筒和轴连为一体，传递转矩较小。

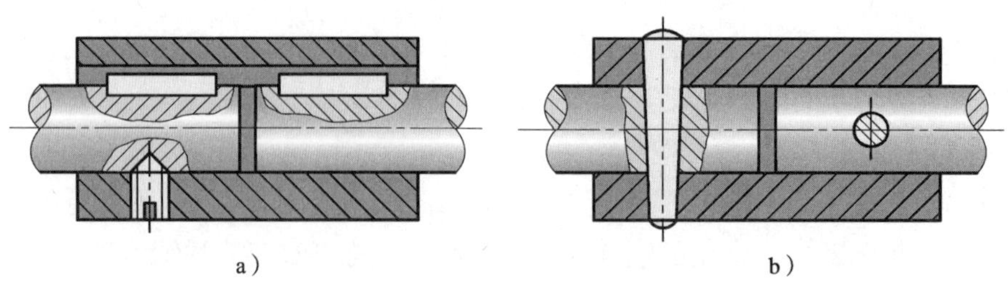

图 4–23　套筒联轴器
a）用平键连接套筒和轴　b）用圆锥销连接套筒和轴

套筒联轴器制造容易，零件数量较少，结构紧凑，径向外形尺寸较小，但装拆时被连接件需要沿轴向移动较大距离。套筒联轴器适用于两轴能严格对中、载荷不大且较为平稳，并要求联轴器径向尺寸小的场合。此种联轴器目前尚未标准化。

2. 无弹性元件挠性联轴器

无弹性元件挠性联轴器是利用自身具有的相对可动元件或间隙，使联轴器具有一定的位置补偿能力。因此，允许相连两轴间存在一定的相对位移，这类联轴器适用于调整和运转时很难达到两轴完全对中的情况，常用的有十字滑块联轴器、齿式联轴器等。

（1）十字滑块联轴器

图 4–24 所示为十字滑块联轴器，滑块 4 可在其两侧半联轴器 3、5 端面的相应径向槽内滑动，以补偿两相连轴的相对位移。这种联轴器的主要优点是允许两轴有较大的位移。由于滑块偏心会在运动时产生离心力，使这种联轴器只适用于低速运转、轴的刚度较大、无剧烈冲击的场合。

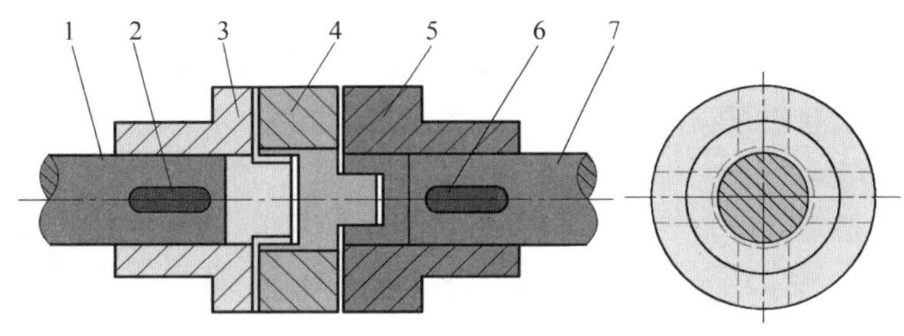

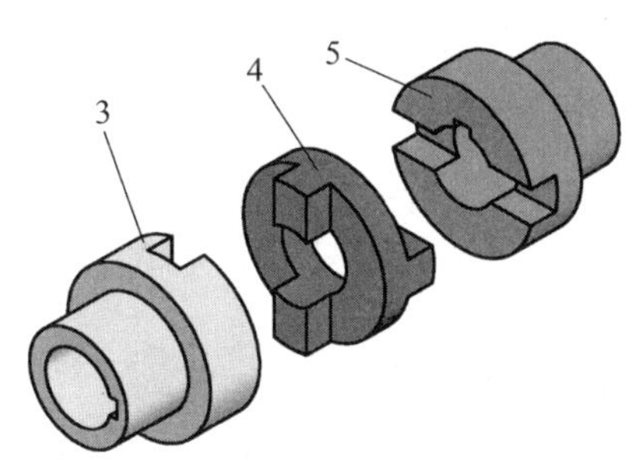

图 4–24　十字滑块联轴器

1、7—轴　2、6—平键　3、5—半联轴器　4—滑块

（2）齿式联轴器

如图 4–25 所示，齿式联轴器由两个带内齿的外壳和两个带外齿的内套筒组成，两个内套筒分别用键和两轴连接，两个外壳用螺栓连为一体，利用内、外轮齿的啮合传递转矩。

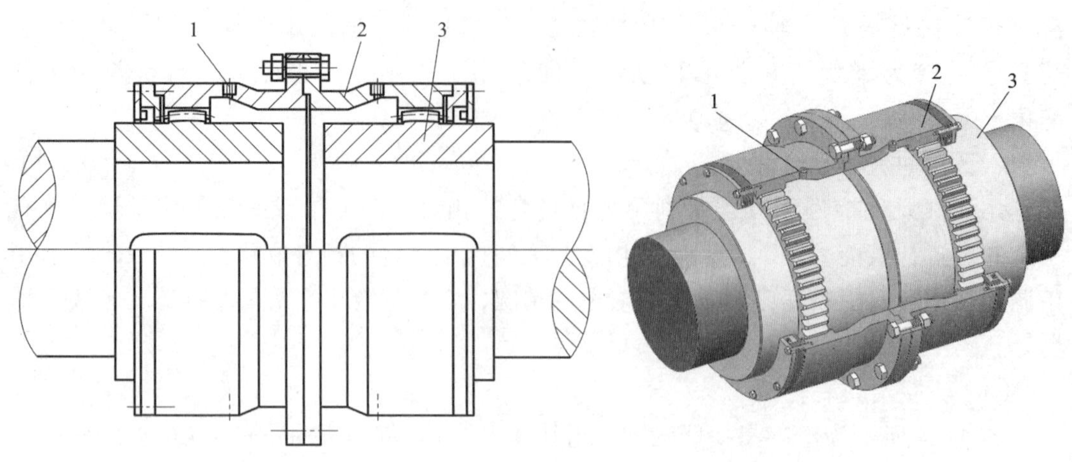

图 4–25　齿式联轴器

1—注油孔　2—带内齿的外壳　3—带外齿的内套筒

齿式联轴器同时啮合的齿数多，承载能力强，结构紧凑，使用的速度范围广，工作可靠，且又具有较大的位移补偿能力，因而被广泛应用于重载下工作或高速运转的水平轴连接。这种联轴器的缺点是结构较为复杂、笨重，造价高。

3. 有弹性元件挠性联轴器

常用的有弹性元件挠性联轴器有弹性柱销联轴器和弹性套柱销联轴器等。

（1）弹性柱销联轴器

弹性柱销联轴器也称为尼龙柱销联轴器，如图 4–26 所示，它是利用若干个由非金属材料制成的柱销置于两个半联轴器的凸缘上的孔中，以实现两轴的连接。为了防止柱销滑出，在柱销两端配置挡板。柱销通常用尼龙制成，而尼龙具有一定的弹性和较好的耐磨性。

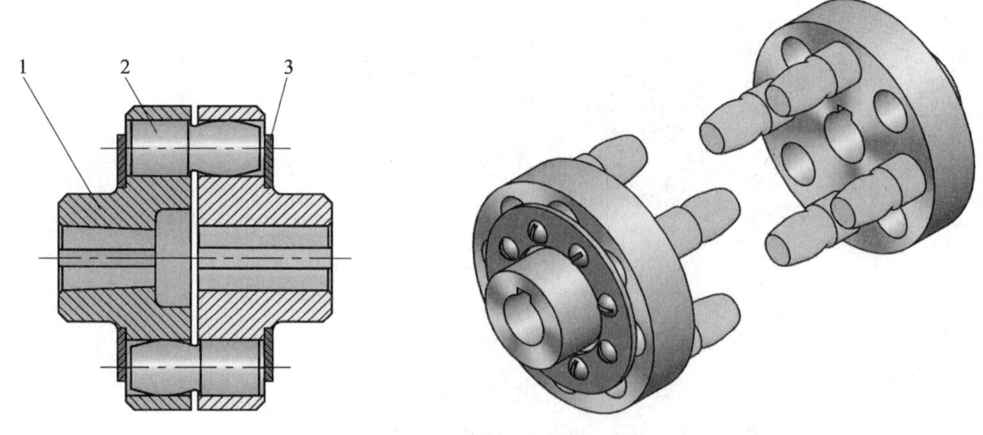

图 4–26　弹性柱销联轴器

1—半联轴器　2—弹性柱销　3—挡板

这种联轴器的结构简单，制造、安装和维修方便，可以补偿两轴偏移、吸振和缓冲，多用于双向运转、启动频繁、转速较高、转矩不大的场合。尼龙对温度较敏感，一般在 -20 ~ 60 ℃的环境温度下工作。

（2）弹性套柱销联轴器

如图 4–27 所示，弹性套柱销联轴器与凸缘联轴器很相似，所不同的是用套有弹性套的柱销代替螺栓，工作时通过弹性套传递转矩。弹性套不仅可以补偿偏移，而且还可以缓冲和吸振，但弹性套容易损坏，通常用于转速较高、频繁启动和旋转方向需要经常改变的场合。

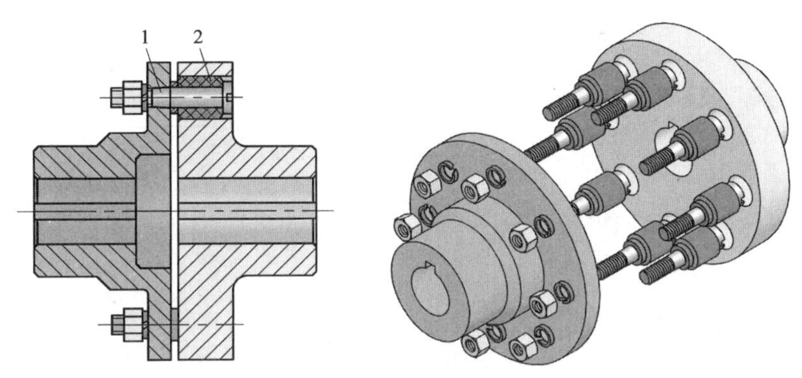

图 4–27　弹性套柱销联轴器

1—柱销　2—弹性套

二、离合器

离合器是一种可以通过各种操纵方式，实现从动轴与主动轴在运转过程中进行接合或分离的装置。离合器按其接合元件传动的工作原理，可分为摩擦式离合器和牙嵌式离合器；按控制方式可分为操纵离合器和自控离合器。操纵离合器需要借助人力或动力进行操纵，又分为电磁离合器、气压离合器、液压离合器和机械离合器；自控离合器不需要外来操纵即可在一定条件下自动实现离合器的分离或结合，又分为安全离合器、离心离合器和超越离合器。下面介绍几种常见的离合器。

1. 牙嵌式离合器

牙嵌式离合器由两个端面带牙的半离合器组成，如图 4–28 所示。左半离合器 1 用普通型平键 7 和紧定螺钉 6 固定在主动轴上，右半离合器 2 则用导向型平键 3（或花键）与从动轴构成可滑动的连接。通过操纵机构可使右半离合器 2 沿导向型平键 3 轴向移动，以实现两半离合器的接合和分离。为了保证两轴的对中，在主动轴上的左半离合器 1 上装有一个对中环 5，从动轴的轴端始终置于对中环的内孔中。当离合器接合时，从动轴与对中环同步旋转；当离合器分离时，对中环继续旋转而从动轴不转。常用牙嵌式离合器的牙型有三角形、梯形和矩形等，如图 4–29 所示。

牙嵌式离合器结构简单、外廓尺寸小，能保证两轴同步运转，但只能在停车或低速转动时才能进行接合，故常用于低速和不需要在运转中进行接合的机械。

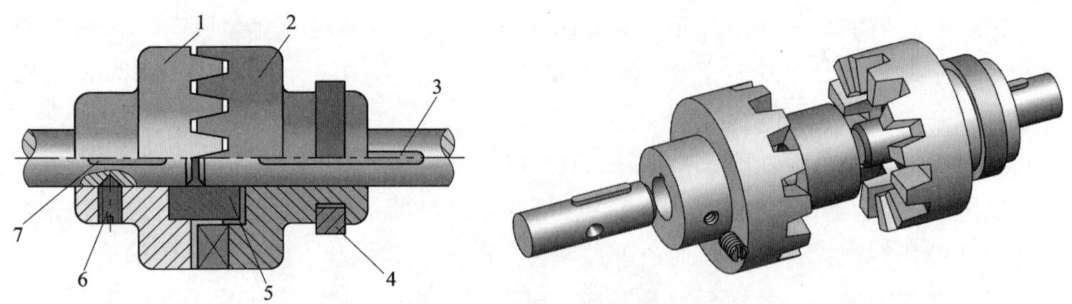

图 4–28　牙嵌式离合器

1—左半离合器　2—右半离合器　3—导向型平键　4—滑环
5—对中环　6—紧定螺钉　7—普通型平键

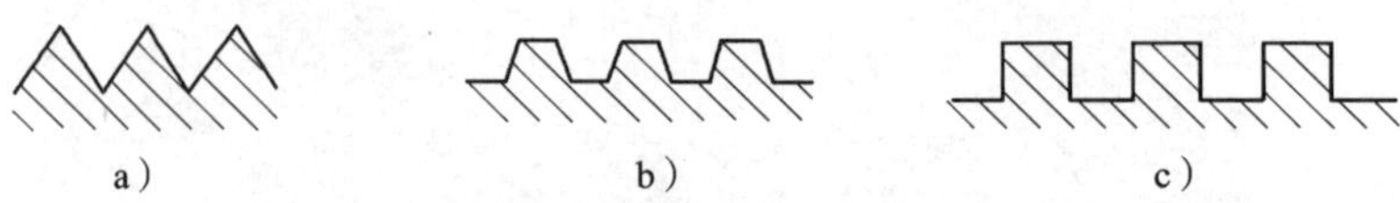

图 4–29　常用牙嵌式离合器的牙型

a）三角形　b）梯形　c）矩形

2. 单圆盘摩擦式离合器

摩擦式离合器是利用主、从动半离合器摩擦片接触面间的摩擦力来传递转矩的，它是能在高速下离合的机械离合器。摩擦式离合器的形式很多，如图 4–30 所示为单圆盘摩擦式离合器，主动摩擦盘 2 与主动轴 1 用普通型平键 8 连接，从动摩擦盘 3 与从动轴 4 通过导向型平键 5 连接。工作时，利用操纵装置对从动摩擦盘 3 上的滑环 7 施加一个轴向压力，使从动摩擦盘 3 向右移动，与主动摩擦盘 2 接触并压紧，从而在两圆盘的结合面间产生摩擦力以传递转矩。单圆盘摩擦式离合器结构简单、散热性好，但传递的转矩较小。

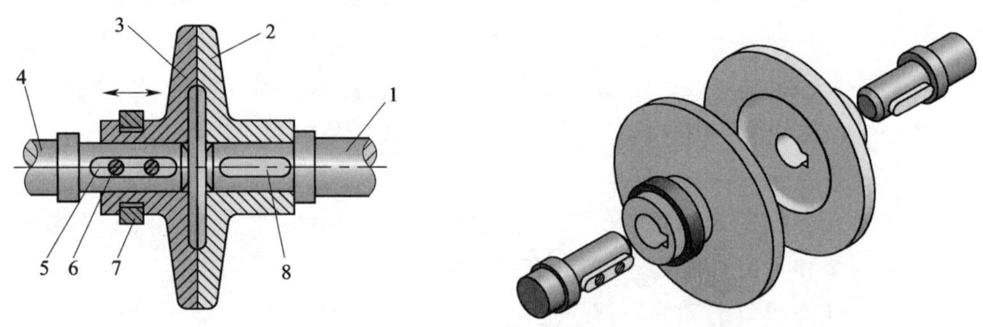

图 4–30　单圆盘摩擦式离合器

1—主动轴　2—主动摩擦盘　3—从动摩擦盘　4—从动轴
5—导向型平键　6—螺钉　7—滑环　8—普通型平键

3. 多片摩擦式离合器

如图 4–31 所示，多片摩擦式离合器有两组摩擦片，一组外摩擦片 4 的外缘上有三个凸齿（见图 4–31c），被镶插在毂轮 2 内缘的纵向凹槽中，外摩擦片 4 的内孔壁不与任何零件接触，故可随主动轴 1 一起转动；一组内摩擦片 5 的内孔壁上有三个凸齿（见图 4–31d）与内套筒 10 外缘上的纵向凹槽配合，内摩擦片 5 的外缘不与任何零件接触，故可随从动轴 11 一起转动。内、外两组摩擦片均可沿轴向移动。另外，在内套筒 10 上开有三个纵向槽，槽中装有可绕轴销转动的曲臂压杆 9，当滑环 8 向左移动时，曲臂压杆 9 可通过压板 3 将所有内、外摩擦片压在调节螺母 7 上，使离合器处于接合状态；当滑环 8 向右移动时，曲臂压杆 9 由弹簧片顶起，此时主动轴 1 与从动轴 11 的传动被分离。多片摩擦式离合器可以通过增加摩擦片的数目提高传递转矩的能力。

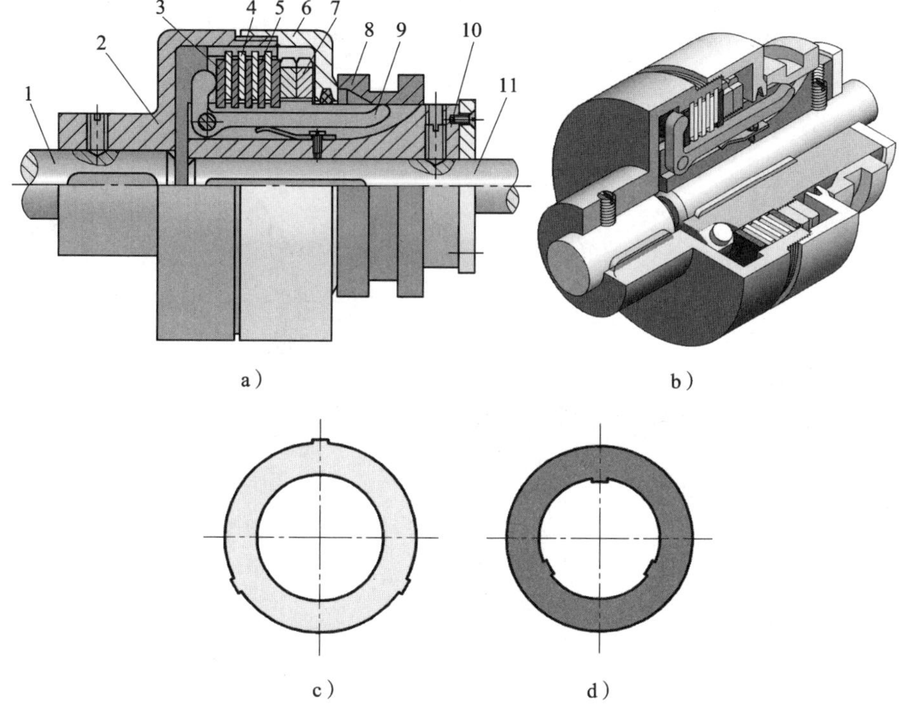

图 4–31　多片摩擦式离合器

a）视图　b）立体图　c）外摩擦片　d）内摩擦片

1—主动轴　2—毂轮　3—压板　4—外摩擦片　5—内摩擦片　6—外壳　7—调节螺母

8—滑环　9—曲臂压杆　10—内套筒　11—从动轴

多片摩擦式离合器能传递较大的转矩而又不会使其径向尺寸过大，故在机床、汽车等机械中得到广泛应用。

三、制动器

制动器是用于机械减速或使其停止的装置，有时也用来调节或限制机械的运动速度，它是保证机械正常、安全工作的重要部件。常用的制动器是利用摩擦力制动的摩擦制动器。常用的制动器有带式制动器、内张蹄式制动器和外抱块式制动器等。

1. 带式制动器

如图 4–32 所示，带式制动器由闸带 2、制动轮 1 和杠杆 3 等组成，当力 F 作用时，利用杠杆机构收紧闸带而抱住制动轮，靠闸带与制动轮间的摩擦力达到制动的目的。带式制动器结构简单，径向尺寸小，但制动力不大。为了增加摩擦效果，闸带材料一般为钢带上覆以石棉或夹铁砂帆布。带式制动器常用于中、小载荷的起重运输机械、车辆及人力操纵的机械中。

2. 内张蹄式制动器

内张蹄式制动器如图 4–33 所示，两个制动蹄分别通过两个销轴与机架铰接，制动蹄表面装有摩擦片，制动轮与需要制动的轴连为一体。制动时，液压油进入液压缸，推动活塞向外伸出，克服弹簧力并使制动蹄压紧制动轮，从而使制动轮制动。这种制动器结构紧凑，广泛应用于各种车辆以及结构尺寸受限制的机械中。

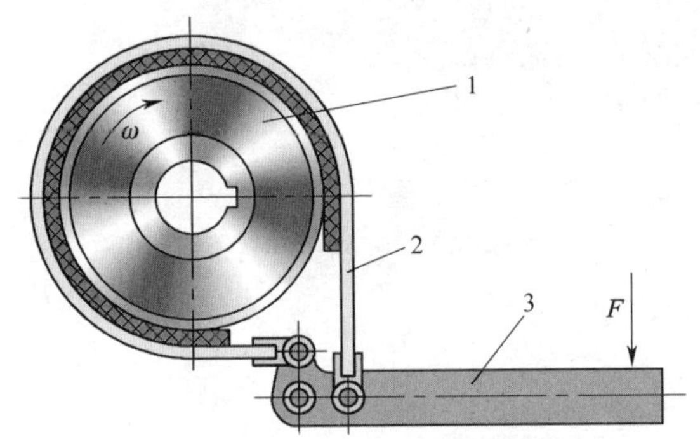

图 4–32 带式制动器

1—制动轮 2—闸带 3—杠杆

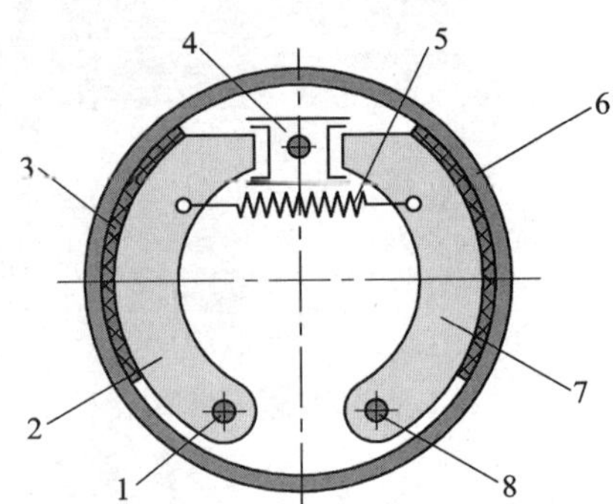

图 4–33 内张蹄式制动器

1、8—销轴 2、7—制动蹄 3—摩擦片 4—液压缸 5—弹簧 6—制动轮

3. 外抱块式制动器

外抱块式制动器如图 4–34 所示，弹簧 3 通过制动臂 6 使闸瓦块 2 压紧在制动轮 1 上，使制动器处于闭合（制动）状态。当松闸器 7 通入电流时，利用电磁作用把顶柱 5

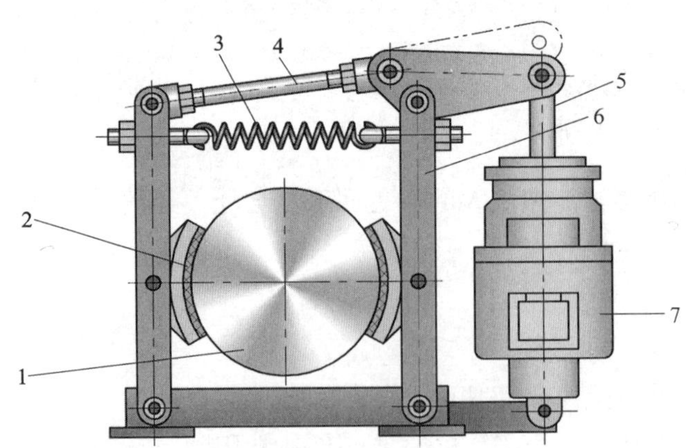

图 4–34 外抱块式制动器

1—制动轮 2—闸瓦块 3—弹簧 4—推杆 5—顶柱 6—制动臂 7—松闸器

顶起，通过推杆 4 带动制动臂 6 向外张开，使闸瓦块 2 与制动轮 1 松脱。闸瓦块的材料可采用铸铁，也可在铸铁上覆以皮革或石棉。这种制动器制动和开启迅速、尺寸小、质量轻，但制动时冲击大，不适用于制动力矩大和需要频繁启动的场合。

第 4 节　弹　　簧

一、弹簧及主要类型

弹簧是利用材料的弹性和结构特点，实现机械功与变形能量相互转换的一种零件。弹簧按受载性质分为拉伸弹簧、压缩弹簧、扭转弹簧、弯曲弹簧，按形状可分为螺旋弹簧、蝶形弹簧、环形弹簧、平面涡卷弹簧和板弹簧等。常用的弹簧主要有圆柱螺旋压缩弹簧、圆柱螺旋拉伸弹簧、圆柱螺旋扭转弹簧、平面涡卷弹簧和板弹簧等。

二、常用弹簧的结构、特点及应用

常用弹簧的结构、特点及应用见表 4–6。

表 4–6　常用弹簧的结构、特点及应用

类型	结构	特点及应用
圆柱螺旋压缩弹簧	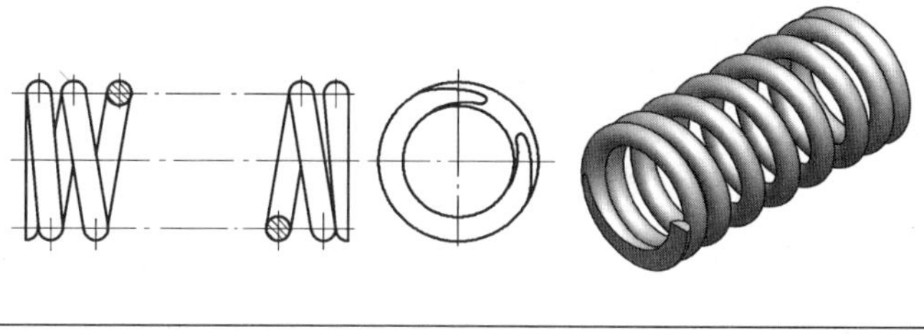	结构简单，制造方便，应用广泛，主要承受压力
圆柱螺旋拉伸弹簧	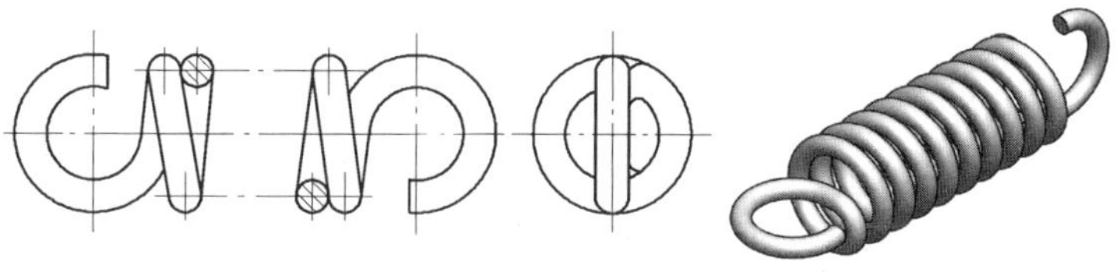	结构简单，制造方便，应用广泛，主要承受拉力
圆柱螺旋扭转弹簧	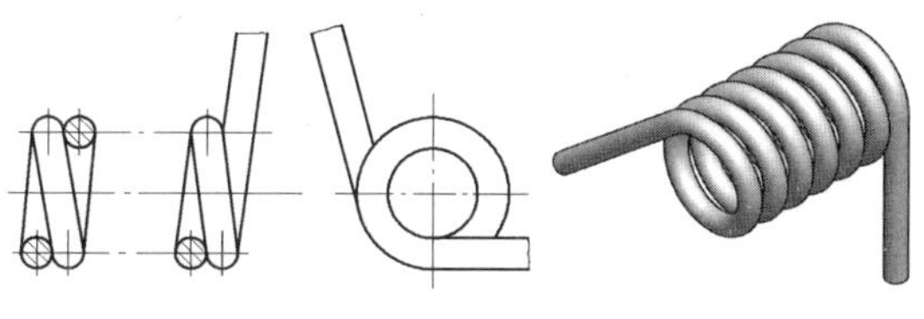	用于压紧、储能或传递转矩

续表

类型	结构	特点及应用
平面涡卷弹簧		变形角大，能储存的能量大，轴向尺寸较小，多用于钟表、仪器中
板弹簧		缓冲和减振性能好，主要用于汽车、拖拉机、火车等悬挂装置中，起缓冲和减振作用

第5节　机械润滑

一、润滑及作用

机械中的可动零部件，在压力下接触而做相对运动时，其接触表面间就会产生摩擦，造成能量损耗和机械磨损，影响机械运动精度和使用寿命。因此需要对运动的零部件进行润滑，润滑主要有以下几种作用。

1. 减少摩擦，减轻磨损

加入润滑剂后，在摩擦表面形成一层油膜，可防止金属直接接触，从而大大减少了摩擦损失和机械功率的损耗。

2. 降温冷却

摩擦表面经润滑后其摩擦因数大为降低，使摩擦发热量减少；当采用润滑油循环润滑时，润滑油流过摩擦表面带走部分摩擦热量，起散热降温作用，保证了运转部位不会升温过高。

3. 防止腐蚀

润滑油、润滑脂的分子吸附在金属表面，能隔绝水分、潮湿空气对金属表面的侵蚀，起到防腐、防锈和保护金属表面的作用。

4. 冲洗、密封

可利用润滑剂的流动把摩擦表面间的磨粒或杂质带走，减轻磨损，以延长零件的使用寿命。同时，润滑剂能深入各种间隙，防止外来水分、杂质的侵入，起到密封作用。

5. 缓冲减振

润滑剂都有在金属表面附着的能力，在运动副表面受到冲击载荷时，具有一定的缓冲减振能力。

二、常用润滑剂

1. 润滑油

润滑油一般由基础油和添加剂两部分组成。基础油主要分矿物基础油、合成基础油及生物基础油三大类，其中矿物基础油应用最广。添加剂可改善其物理化学性质，对润滑油赋予新的特殊性能，或加强其原来具有的某种性能，满足更高的使用要求。

2. 润滑脂

润滑脂是一种黏稠的凝胶状半固体，强度高，能承受较大的载荷，而且不易流失，便于密封和维护，一次充脂可以维持较长时间，无须经常补充或更换。润滑脂主要用于机械的摩擦部分，起润滑和密封作用；也常用于金属表面，起填充空隙和防锈作用。润滑脂主要由矿物油（或合成润滑油）和稠化剂调制而成。常用的润滑脂主要有钙基润滑脂、钠基润滑脂、锂基润滑脂、铝基润滑脂等，其中钙基润滑脂应用最广，它呈黄色，具有良好的抗水性，但耐热性能差。

3. 固体润滑剂

固体润滑剂呈粉末状，其材料有无机化合物、有机化合物、金属及金属化合物等，其中以石墨和二硫化钼应用最广。

三、常用润滑方式

润滑的供油方式根据工作时间可分为间歇式和连续式两种，常用间歇式润滑装置及工作原理见表 4–7，常用连续式润滑装置及工作原理见表 4–8。

表 4–7　常用间歇式润滑装置及工作原理

润滑装置	示意图	工作原理
针阀式油杯	手柄 调节螺母 弹簧 油孔 杯体 阀杆	用于润滑油润滑。手柄置于垂直位置时，阀杆处于上位，油孔打开供油；手柄置于水平位置时，阀杆处于下位，将油孔堵住，油杯停止供油。旋动调节螺母可调节注油量的大小

续表

润滑装置	示意图	工作原理
旋套式油杯	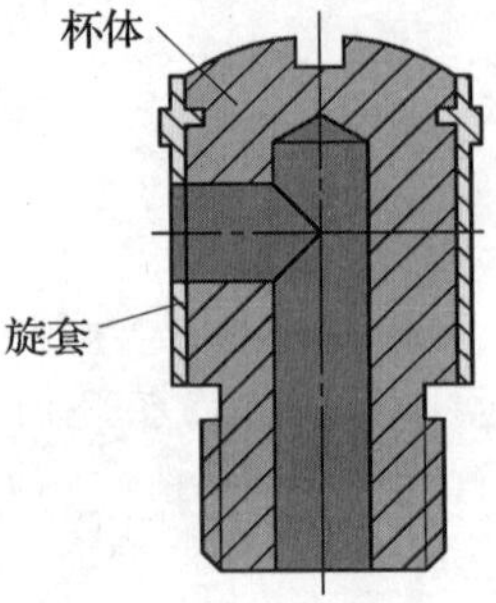 杯体 旋套	用于润滑油润滑。转动旋套，使旋套孔与杯体注油孔对正时可用油壶或油枪注油。不注油时，旋套壁遮挡杯体上的注油孔，起密封作用
压配式油杯	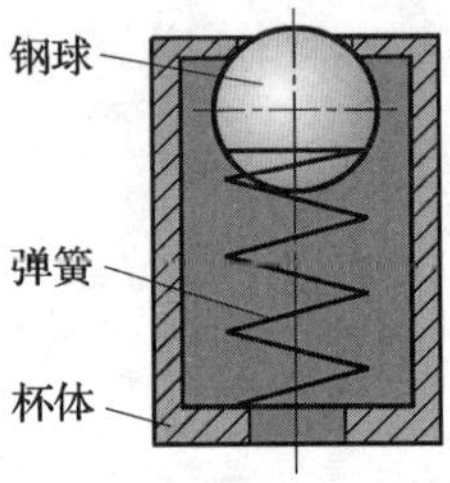 钢球 弹簧 杯体	用于润滑油润滑或润滑脂润滑。将钢球压下可注润滑油（或润滑脂）。不注润滑油（或润滑脂）时，钢球在弹簧的作用下封闭注油孔
旋盖式油杯	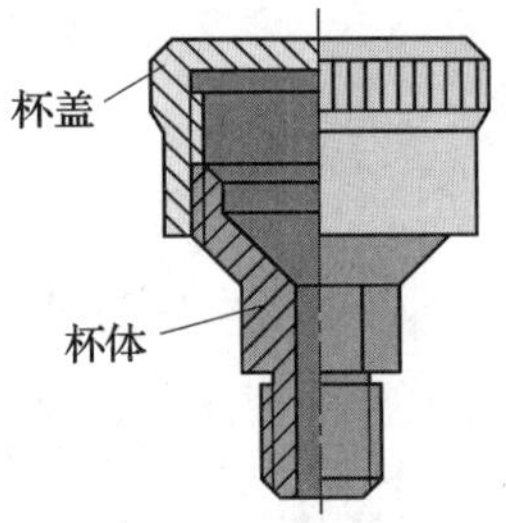 杯盖 杯体	用于润滑脂润滑。杯盖与杯体采用螺纹连接，旋合时在杯体和杯盖中都装满润滑脂，定期旋转杯盖压缩润滑脂的体积，可将润滑脂挤入滑动轴承内

表 4-8　常用连续式润滑装置及工作原理

润滑装置	示意图	工作原理
芯捻式油杯	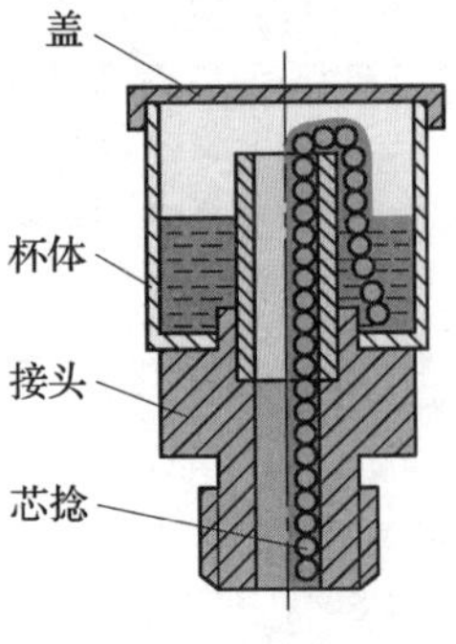 盖 杯体 接头 芯捻	用于润滑油润滑。杯体中储存润滑油，靠芯捻的毛细作用实现连续润滑。这种润滑方式注油量较小，适用于轻载及轴颈转速不高的场合

续表

润滑装置	示意图	工作原理
油环润滑	轴颈 油环	油环套在轴颈上并浸入油池，轴旋转时，靠摩擦力带动油环转动，将润滑油带至轴颈处进行润滑。这种润滑方式结构简单，但由于是靠摩擦力带动油环甩油，故轴的转速需适当方能供油充足
压力润滑	轴颈 油泵 油箱	利用油泵将润滑油送入滑动轴承进行润滑。这种润滑方式工作可靠，但结构复杂，对滑动轴承的密封性要求高，且费用较高。适用于大型、重载、高速、精密和自动化机械设备

四、常用机械零部件的润滑

1. 齿轮传动的润滑

齿轮传动中，由于啮合面的相对滑动，使齿面间产生摩擦和磨损，在高速重载时尤为突出。良好的润滑能起到冷却、防锈、降低噪声、改善齿轮工作状况的作用，从而提高传动效率，延缓轮齿失效，延长齿轮的使用寿命。

开式齿轮传动（传动齿轮没有防尘罩或机壳，齿轮完全暴露在外面）通常采用人工定期润滑，可采用油润滑或脂润滑。

一般闭式齿轮传动（传动齿轮装在经过精确加工而且封闭严密的箱体内）的润滑方式根据齿轮的圆周速度 v 的大小而定。当 $v \leq 12$ m/s 时，多采用油池润滑（见图 4–35a），即大齿轮浸入油池一定深度，齿轮运转时，就把润滑油带到啮合区，同时

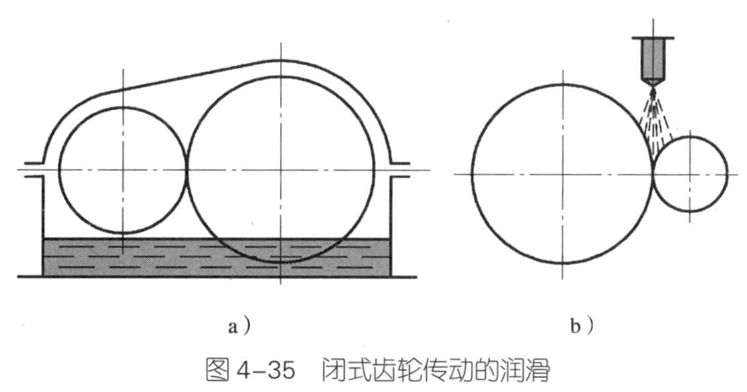

图 4–35 闭式齿轮传动的润滑

a）油池润滑 b）喷油润滑

第4章 常用零部件及机械润滑

也甩到箱壁上，借以散热。当 v>12 m/s 时，由于圆周速度大，齿轮搅油剧烈，且黏附在齿面上的油易被甩掉，不能形成合适的润滑油膜，应采用喷油润滑（见图 4–35b）。

2. 蜗杆传动的润滑

润滑对蜗杆传动具有特别重要的意义。由于蜗杆传动摩擦产生的发热量较大，所以要求工作时有良好的润滑条件。润滑的主要目的是减摩与散热，以提高蜗杆传动的效率，防止胶合及减少磨损。蜗杆传动的润滑方式主要有油池润滑和喷油润滑。

3. 滚动轴承的润滑

滚动轴承的润滑有润滑脂润滑、润滑油润滑和固体润滑三种。

（1）润滑脂润滑

由于润滑脂不适宜在高速条件下工作，故适用于轴颈圆周速度不大于 5 m/s 的滚动轴承润滑。润滑脂的填充量一般为轴承空间的 1/3 ~ 2/3，以防止摩擦发热过大，影响轴承正常工作。

（2）润滑油润滑

与润滑脂润滑相比，润滑油润滑适用于轴颈圆周速度和工作温度较高的场合。选用润滑油润滑的关键是根据工作温度、载荷大小、运动速度和结构特点选择合适的润滑油黏度。原则上，温度高、载荷大的场合，润滑油的黏度应选大些；反之，润滑油的黏度应选小些。润滑油润滑的方式有浸油润滑、滴油润滑和喷雾润滑等。

（3）固体润滑

固体润滑剂有石墨、二硫化钼（MoS_2）等多个品种，一般在重载或高温工作条件下使用。

4. 滑动轴承的润滑

滑动轴承润滑的目的是为了减少工作表面间的摩擦和磨损，同时起冷却、散热、防锈蚀及减振等作用。滑动轴承常用的润滑方式有润滑油润滑和润滑脂润滑两种。

课后练习

1. 平键连接、花键连接、楔键连接都是如何传递转矩的？
2. 花键连接有何特点？
3. 滚动轴承一般由哪几部分组成？保持架有何作用？
4. 深沟球轴承、圆锥滚子轴承、圆柱滚子轴承和推力球轴承各能承受什么载荷？

5. 整体式滑动轴承和对开式滑动轴承各有什么优点？

6. 常用的刚性联轴器有哪几种？常用的无弹性元件挠性联轴器和有弹性元件挠性联轴器各有哪几种？

7. 十字滑块联轴器靠什么补偿两轴间的位移？

8. 多片摩擦式离合器靠什么实现两轴的离合？

9. 制动器有什么作用？

10. 常用的弹簧有哪些？

11. 滚动轴承的润滑主要有哪几种方式？

12. 滑动轴承间歇式润滑装置主要有哪几种？连续式润滑装置主要有哪几种？

第 5 章 气压传动与液压传动

学习目标

1. 掌握气压（液压）传动系统的组成，了解气压（液压）传动的特点。
2. 了解常用气压（液压）传动元件的结构、图形符号和功能。
3. 掌握气压（液压）传动系统基本回路的组成及工作原理。

第1节 气 压 传 动

气压传动（简称气动）是以空气压缩机为动力源，以压缩空气为工作介质，利用压缩空气的压力和流动进行能量传送或信号传递的工程技术，是实现各种传动与控制的重要手段之一。气动技术广泛应用于机械制造、石油化工、轻工、食品包装、电子产品生产等行业。

一、气压传动的工作过程及组成

气压传动技术在机械加工设备上应用非常广泛，气动夹具在各种切削机床上被广泛应用。图 5–1 为数控铣床上使用的气动平口钳气压传动系统组成，气动平口钳通过气缸活塞杆的伸、缩来夹紧、松开工件。气缸活塞杆伸出则平口钳夹紧，气缸活塞杆缩回则平口钳松开。该系统由空气压缩机、气动二联件（排水过滤器和减压阀）、旋钮式二位三通换向阀、单气控二位五通换向阀和气缸等组成。

1. 气动平口钳工作过程

（1）气动平口钳气压传动系统

分析图 5–1 可知，空气压缩机产生的压缩空气，经过过滤器净化和减压阀减压后，分别输送给信号控制元件（旋钮式二位三通换向阀）和气动控制元件（单气控二位五通换向阀）。信号控制元件通过气压控制气动控制元件动作，气动控制元件通过执行元件（气缸）实现气动平口钳活动钳口的夹紧与松开。

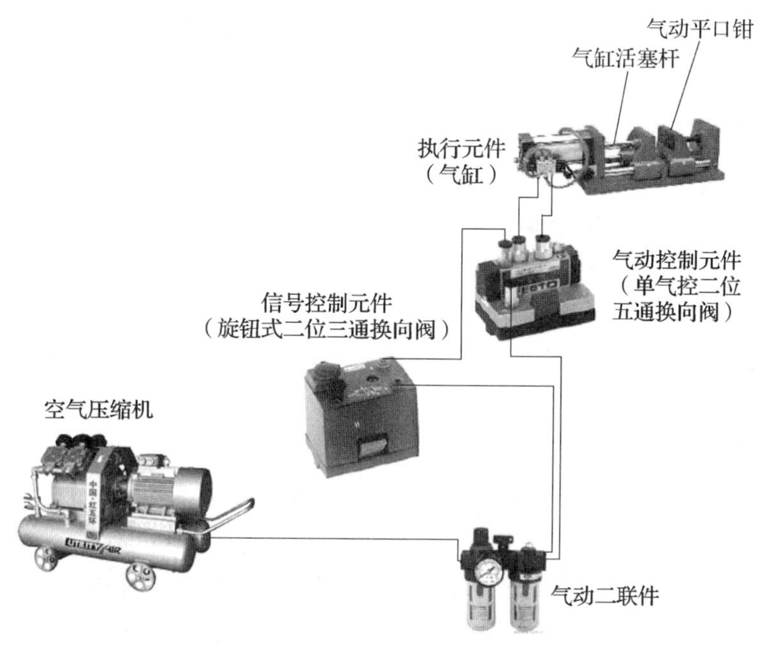

图 5-1　气动平口钳气压传动系统组成

（2）气动平口钳的夹紧动作

当旋转旋钮式二位三通换向阀的旋钮时，旋钮式二位三通换向阀左位工作，压缩空气通过旋钮式二位三通换向阀使单气控二位五通换向阀动作，接通气缸左侧气路，使气缸左腔进入压缩空气，活塞向右移动，夹紧工件。

（3）气动平口钳的松开动作

当再次旋转旋钮式二位三通换向阀的旋钮时，旋钮式二位三通换向阀截断压缩空气，同时使控制管路与大气相连，排出压缩空气。此时单气控二位五通换向阀接通气缸右侧气路，使气缸右腔进入压缩空气，活塞向左移动，松开工件。

2. 气压传动系统的组成及各部分的作用

通过分析气动平口钳气压传动系统可知，气压传动系统一般由下列五部分组成。

（1）气源装置

气源装置是指产生、处理和储存压缩空气的装置，其主要设备是空气压缩机。空气压缩机（简称空压机）将原动机（如电动机）的机械能转换为空气的压力能。

（2）执行元件

执行元件是把气体压力能转换成机械能，以驱动工作机构的元件，一般指做

直线运动的气缸或做旋转运动的气马达。图 5–1 所示气压传动系统的执行元件为气缸。

（3）控制调节元件

控制调节元件是对气压传动系统中气体的压力、流量和流动方向进行控制和调节的元件，如减压阀、换向阀、节流阀等，这些元件的不同组合构成了不同功能的气压传动系统。图 5–1 所示气压传动系统的控制调节元件为减压阀和换向阀。

（4）辅助元件

辅助元件是指除以上三种以外的其他元件，如过滤器、油雾器、消音器等。它们对保持系统正常、可靠、稳定和持久地工作起着重要的作用。图 5–1 所示气压传动系统的辅助元件为排水过滤器。此外，连接气压传动系统还需要气管、管接头等。

（5）工作介质

气压传动系统中所使用的工作介质是清洁的空气。

3. 气压传动的特点

（1）气压传动的优点

工作介质为空气，来源经济方便，用过之后可直接排入大气，不污染环境。空气流动损失小，压缩空气可集中供气，远距离输送，且对工作环境的适应性强，可应用于易燃、易爆场所。气动设备动作迅速、反应快，气压管路不易堵塞，气压传动装置结构简单、质量轻、安装维护简单。由于空气的可压缩性，气压传动系统能够实现过载自动保护。

（2）气压传动的缺点

由于空气具有可压缩性，所以气缸或气马达的动作速度受载荷的影响较大。气压传动系统工作压力较低（一般为 0.3 ～ 1.0 MPa），因此气压传动系统输出的动力较小。工作介质没有自润滑性，需要另设润滑装置。另外，气压传动设备运行时产生的噪声较大。

4. 气动元件的图形符号

气动平口钳气压传动系统组成图（见图 5–1）虽然能说明系统的组成，也能在某种程度上表达系统的工作原理，但是不够清晰，绘制也很麻烦。为了简单明了地表达气压传动（液压传动）系统的工作原理，系统中各元件可用图形符号表示，如图 5–2 所示，这种用图形符号表达气压传动（液压传动）系统的组成和工作原理的示意图称为气压传动（液压传动）系统回路图，又称为气压传动（液压传动）系统图或回路图。图中的符号只表示元件的职能（即功能）、控制方式以及外部连接口，不表示元件的具体结构、参数、连接口的实际位置和元件的安装位置。常用气压传动元件的图形符号见表 5–1。

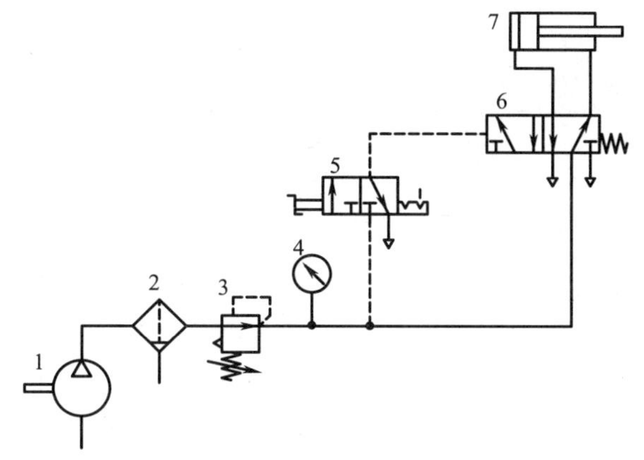

图 5-2　气动平口钳气压传动系统回路

1—空气压缩机　2—排水过滤器　3—调压阀　4—压力表
5—旋钮式二位三通换向阀　6—单气控二位五通换向阀　7—气缸

表 5-1　常用气压传动元件图形符号（摘自 GB/T 786.1—2021）

类别	名称	图形符号	说明
气源装置	空气压缩机		各种类型的空气压缩机
气压传动执行元件	双作用单杆缸		活塞双向受空气压力而运动，气压传动与液压传动符号相同
	气马达		一般气马达符号
	过滤器		带手动排水分离器的过滤器
	油雾器		将润滑油雾化，并随压缩空气一起进入被润滑部件
	消声器		装在排气口

续表

类别	名称	图形符号	说明
气压传动执行元件	气源处理装置	详细示意图 简化图	由手动排水过滤器、手动调节式减压阀、压力表和油雾器等组成
	压力表		气压传动与液压传动的符号相同
	气罐		能预先充满压缩空气
方向控制阀	普通单向阀		气压传动与液压传动的符号相同
	气控单向阀		气压传动与液压传动的符号相同
	二位二通方向控制阀		电磁铁控制，弹簧复位常开
	二位三通方向控制阀		单电磁铁操纵，弹簧复位
压力控制阀	直动式溢流阀		当系统内部的压力大于调定压力时阀口打开
	直动式减压阀		只能向前流动
流量控制阀	节流阀		流量可调节，气压传动与液压传动符号相同
	排气节流阀		带消声器

二、气源装置与气动执行元件

1. 空气压缩机

在气压传动系统中，活塞式空气压缩机（见图 5–3）最为常用，它由电动机、空气压缩机构、储气罐、排水器、压力开关、压力表及各种阀等组成。

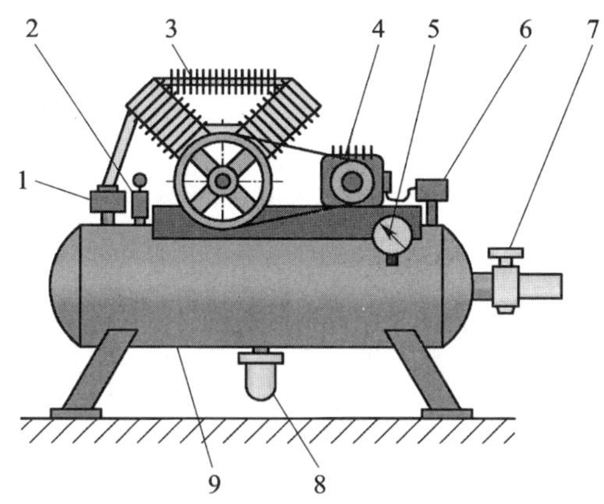

图 5–3　活塞式空气压缩机

1—单向阀　2—安全阀　3—空气压缩机构　4—电动机　5—压力表
6—压力开关　7—截止阀　8—排水器　9—储气罐

2. 气缸

气缸的结构、形状很多，常用的有单作用气缸和双作用气缸。单作用气缸只有一个方向的运动是依靠压缩空气，活塞的复位靠弹簧力或重力；双作用气缸的活塞往返全都依靠压缩空气来完成。

图 5-4 所示为最常用的双作用单杆气缸，它主要由活塞杆 5、活塞 6、前缸盖 3、后缸盖 9、缸体 4、防尘密封圈 2 和活塞密封圈 7 等组成。当压缩空气进入气缸的右腔时（左腔与大气相连），压缩空气的压力作用在活塞的右侧，当作用力克服活塞杆上的负载时，活塞杆伸出；当压缩空气进入左腔时（右腔与大气相连），推动活塞右移，活塞杆收回。

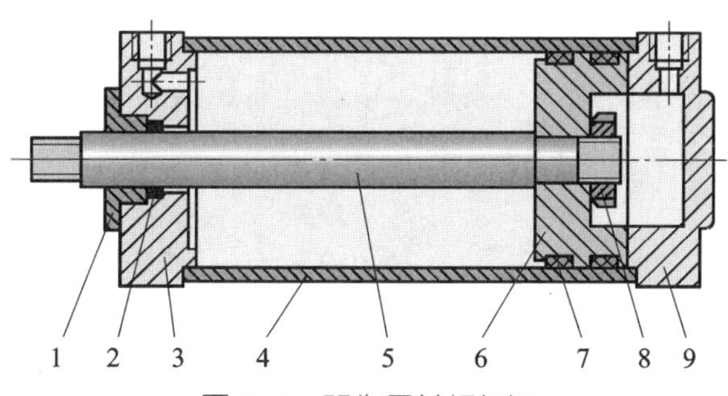

图 5–4　双作用单杆气缸

1—压盖　2—防尘密封圈　3—前缸盖　4—缸体　5—活塞杆
6—活塞　7—活塞密封圈　8—螺母　9—后缸盖

3. 气马达

气马达是将压缩空气的压力能转换成旋转的机械能的装置，图 5–5a 所示为叶片式气马达，其工作原理如图 5–5b 所示，转子上径向安装了 3 ~ 10 个叶片，转子偏心安装在定子内，叶片在转子的槽内可以径向滑动。压缩空气由 *A* 孔输入后，分为两路：一路经定子两端密封盖的槽进入叶片底部（图中未画出）将叶片推出，叶片靠气体推力和转子转动时产生的离心力紧密地贴紧在定子的内壁上；另一路进入定子内腔，使叶片带动转子按逆时针方向旋转，做功后的废气由 *C* 口排出，剩余气体从 *B* 口排出。若从 *B* 口输入压缩空气，则改变气马达的旋转方向。

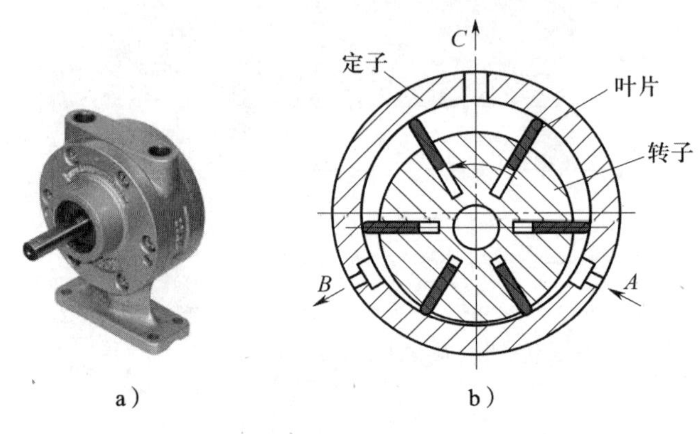

图 5–5 叶片式气马达
a）实物图 b）工作原理图

三、气动控制元件

气动控制元件用来控制和调节压缩空气的压力、流量和流向，可分为方向控制阀、压力控制阀和流量控制阀。

1. 方向控制阀

气压传动系统中的方向控制阀是通过改变压缩空气的流动方向和气流的通断，来控制执行元件启动、停止及运动方向的气动元件。

（1）常用方向控制阀

常用方向控制阀有单向阀、换向阀、梭阀、双压阀和快速排气阀等，下面主要介绍单向阀和换向阀。

1）单向阀

单向阀是指控制气流只能向一个方向流动而不能反向流动的阀。单向阀的结构如图 5–6 所示，其工作原理为：压缩空气从 *P* 口进入，克服弹簧力和摩擦力使单向阀阀口开启，压缩空气从 *P* 口流至 *A* 口；当 *P* 口无压缩空气时，在弹簧力和 *A* 口余气压力作用下，阀口处于关闭状态，使从 *A* 口至 *P* 口的气路截止。单向阀应用于不允许气流反向流动的场合，如空压机向气罐充气时，在空压机与气罐之间设置一个单向阀，当空压机停止工作时，可防止气罐中的压缩空气回流到空压机。单向阀还常与节流阀、顺序阀等组合成单向节流阀、单向顺序阀等。

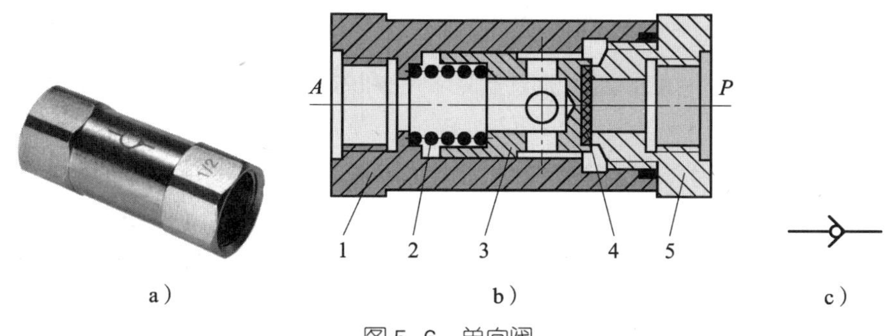

图 5-6　单向阀

a）实物图　b）结构原理图　c）图形符号

1—阀体　2—弹簧　3—阀芯　4—密封垫　5—阀盖

2）换向阀

利用换向阀阀芯相对于阀体的运动，可使气路接通或断开，从而使气动执行元件实现启动、停止或变换运动方向。

按钮式二位三通换向阀是一种最常见的方向控制阀，其产品外形及工作原理如图 5-7 所示。它是一种常闭式控制阀，在初始状态（见图 5-7b），阀芯把进气口与工作口之间的通道关闭，两口不相通，而工作口与排气口相通，压缩空气可以通过排气口排入大气中。当按下阀芯（见图 5-7c），方向控制阀进入工作状态，这时进气口与工作口相通，同时排气口被阀芯封闭，压缩空气通过进气口进入，从工作口输出。

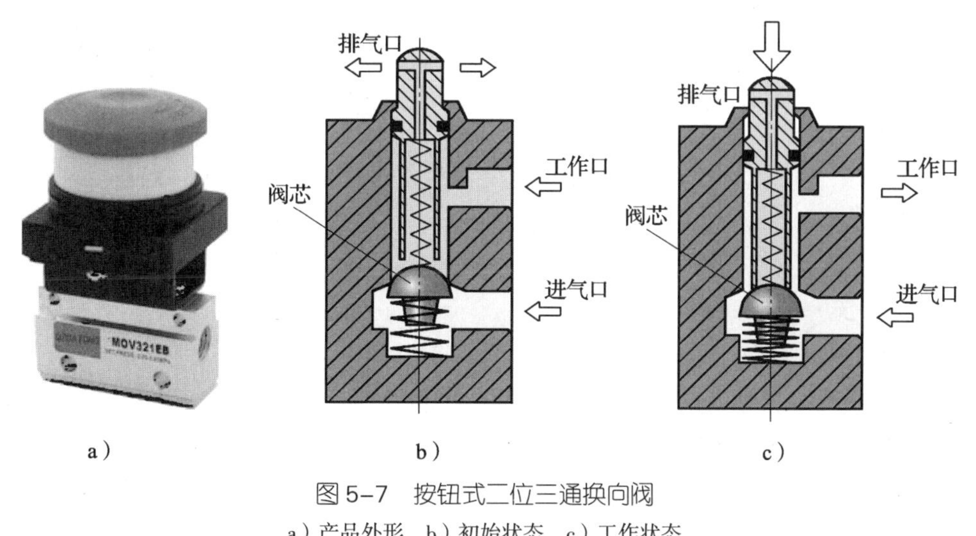

图 5-7　按钮式二位三通换向阀

a）产品外形　b）初始状态　c）工作状态

（2）换向阀图形符号的绘制规则

如图 5–8 所示为二位三通换向阀的图形符号，换向阀的图形符号由主体符号和控制符号组成。

1）换向阀的主体符号用来表达换向阀的“位”和“通”。“位”是指阀芯的工作位置数，“通”是指换向阀进出口的数目。

2）方框中的“↑”表示流体流过阀的路径和方向。方框中的“⊤”表示阀体气（液）口被封闭。

3）换向阀的控制符号表示阀芯移动的控制方式，绘制在主体符号的两端。

4）当换向阀没有操纵力的作用处于静止状态时称为常态。对于弹簧复位的二位换向阀靠近弹簧的那一位为常态；对于三位的换向阀，其常态为中间位置。

在气动（液压）系统图中，换向阀的图形符号与气路（液压回路）的连接一般应画在常态位上。

2. 压力控制阀

（1）溢流阀

当储气罐或回路中气压上升到所规定的调定压力后，系统需要减压，溢流阀通过排出气体的方法降低系统压力，起到保护系统的作用。气动溢流阀分为直动式和先导式两种。

图 5–9 所示为直动式溢流阀，当气体作用在阀芯 3 上的力小于弹簧 2 的力时，溢流阀处于关闭状态；当系统压力升高，作用在阀芯 3 上的作用力大于弹簧力时，阀芯向上移动，溢流阀开启溢流，使气压不再升高。当系统压力降至低于调定值时，溢流阀又重新关闭。

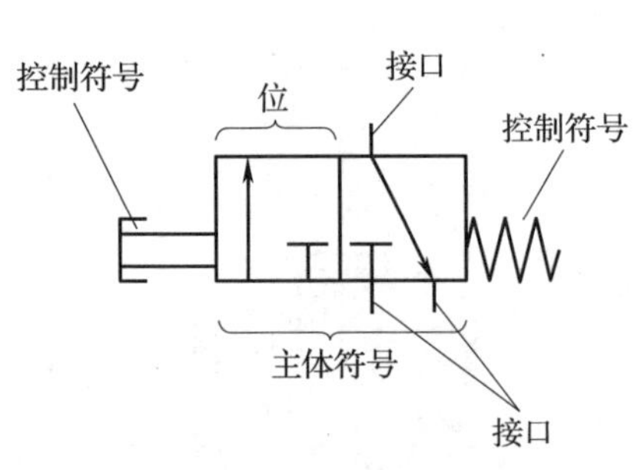

图 5–8　二位三通换向阀的图形符号

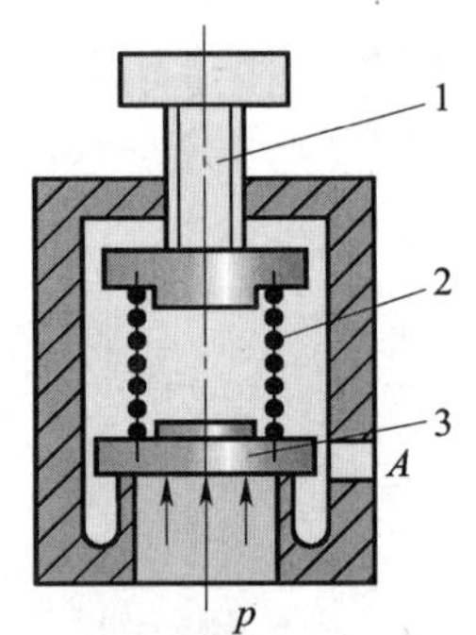

图 5–9　直动式溢流阀

1—调节螺杆　2—弹簧　3—阀芯

（2）减压阀

在气动系统中，往往气源输出的压缩空气的压力比设备实际需要的压力要高些，同时其波动值也较大，给系统带来不稳定性，因此需要用减压阀将其压力减到设备所需要的压力，并使减压后的压力稳定到所需压力值。减压阀按压力调节方式分为直动式和先导式，如图 5–10 所示为直动式减压阀，其工作原理如下：

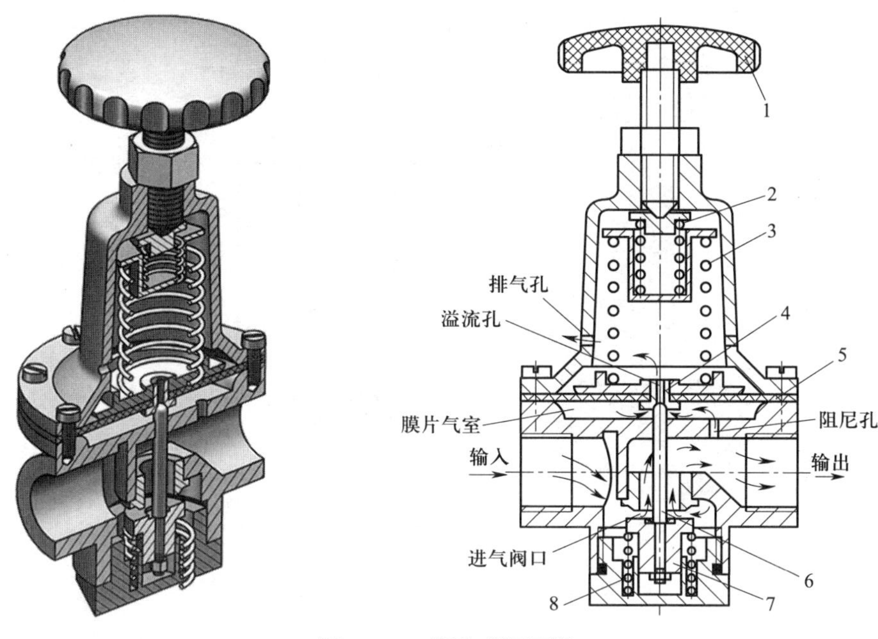

图 5–10　直动式调压阀

1—旋钮　2、3—调压弹簧　4—溢流阀座　5—膜片　6—阀杆　7—阀芯　8—复位弹簧

1）减压原理

当输入压力平稳时，压缩空气从左端输入，经进气阀口节流减压后从右端输出。输出气流的一部分由阻尼孔进入膜片气室，在膜片 5 的下方产生一个向上的推力，这个推力使阀芯 7 上移，把阀口开度减小，使调压阀的输出压力下降。当作用于膜片 5 上的推力与弹簧力相平衡后，调压阀的输出压力便保持恒定。

2）稳压原理

当输入压力发生波动时，如输入压力瞬时升高，输出压力也随之升高，作用于膜片 5 上的气体推力也随之增大，破坏了原来的力的平衡，使膜片 5 向上移动（此时有少量气体经溢流口排出）。在膜片 5 上移的同时，因复位弹簧 8 的作用，阀杆和阀芯上移，使节流口减小，输出压力下降，直到达到新的平衡为止。重新平衡后的输出压力又基本上恢复至原值。反之，输出压力瞬时下降时，膜片 5 下移，进气口开度增大，节流作用减小，输出压力又基本回升至原值。

3）调压原理

旋转旋钮 1，通过调压弹簧 2、3 和膜片 5 等使阀芯 7 移动，改变节流口的大小，达到调压的目的。

3. 流量控制阀

（1）节流阀

图 5–11 所示为圆柱斜切型节流阀，压缩空气由 *P* 口进入，经节流后，由 *A* 口流出。旋转阀芯螺杆 3，就可以改变节流口的开度，调节压缩空气的流量。这种节流阀结构简单，体积小，应用广泛。

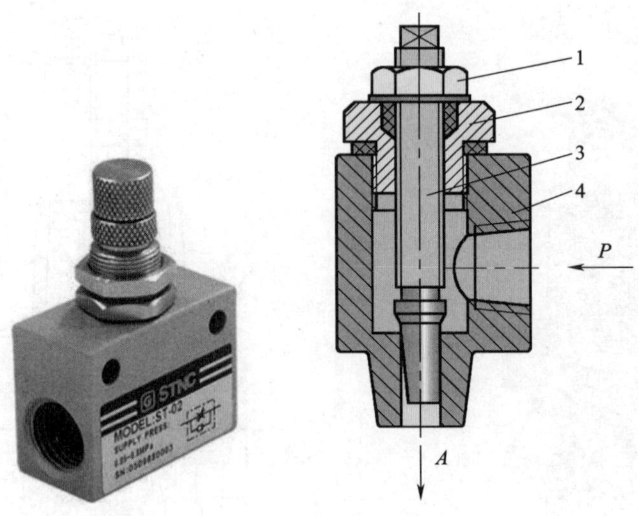

图 5-11　圆柱斜切型节流阀
1—螺母　2—阀盖　3—阀芯螺杆　4—阀体

（2）排气节流阀

图 5-12 所示为排气节流阀，它是在节流阀的基础上增加了消声装置。排气节流阀安装在执行元件的排气口处，调节排入大气中的气体流量。它不仅能调节执行元件的运动速度，还能消声，起到降低排气噪声的作用。

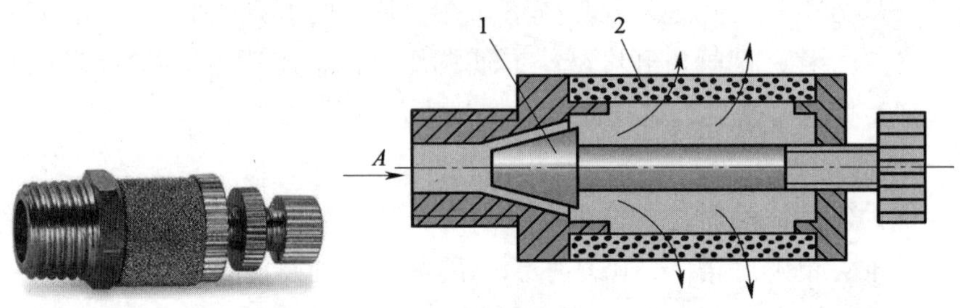

图 5-12　排气节流阀
1—阀芯　2—消声装置

四、气压传动系统基本回路

1. 方向控制回路

在气动（液压）系统中，控制执行元件的启动、停止（包括锁紧）及换向的回路称为方向控制回路。图 5-13 所示为单往复动作回路，当按下手动换向阀 1 的手柄后，气缸往复运动一次。该回路采用了二位三通手动换向阀 1、二位三通行程换向阀 3 和二位四通双气控换向阀 4 三个换向阀。当按下手动换向阀 1 的手动按钮后，压缩空气使二位四通双气控换向阀 4 左位工作，压缩空气经二位四通双气控换向阀 4 进入气缸 2 的左腔，活塞向右移动，活塞杆伸出。当活塞杆上的挡块压下二位三通行程换向阀

3 的推杆时，二位四通双气控换向阀 4 右位工作，压缩空气经二位四通双气控换向阀 4 进入气缸 2 的右腔，活塞杆返回，完成一次工作循环。如果还要气缸运动，则需再次按下二位三通手动换向阀 1 的按钮。

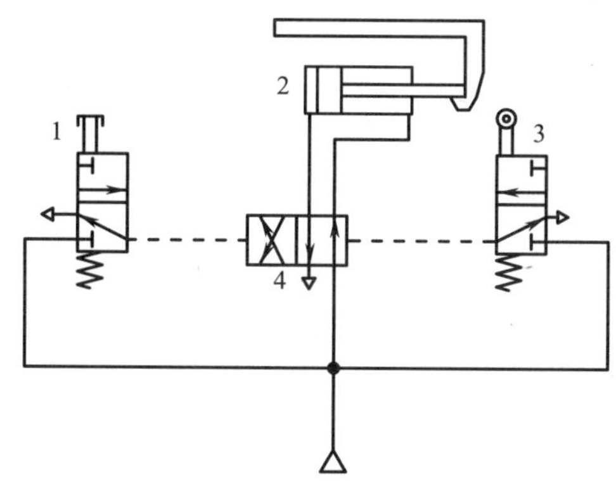

图 5–13　单往复动作回路

1—二位三通手动换向阀　2—气缸　3—二位三通行程换向阀　4—二位四通双气控换向阀

2. 压力控制回路

利用压力控制阀来调节系统或其中某一部分压力的回路，称为压力控制回路。图 5–14 所示为铣床气动夹具，主要用来夹紧轴类工件和套类工件。在工作过程中，夹紧轴类工件需要较大的夹紧力，而夹紧薄壁类工件则需要较小的夹紧力。这就需要气路能供给两种压力的气体，需要用到高、低压转换回路。

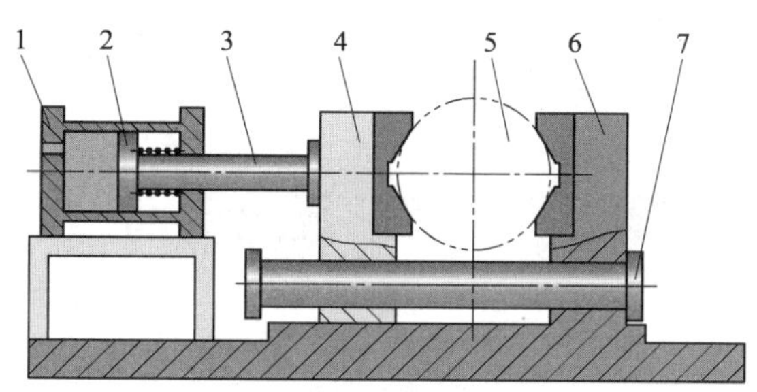

图 5–14　铣床气动夹具

1—缸体　2—活塞　3—活塞杆　4—活动钳身　5—工件　6—固定钳身　7—导杆

图 5–15 所示为高、低压转换回路，它利用两个减压阀 3、4 得到不同的压力，并通过二位三通手动换向阀 9 进行压力转换，使输送到气缸中的压力有高、低两种，以适应不同工作状态的需要。

3. 速度控制回路

控制执行元件运动速度的回路称为速度控制回路。采用排气节流阀的气马达速度控制回路如图 5–16 所示，在气马达的出气口安装排气节流阀，即可达到节流调速的目的。这种调速方法的优点是气马达运转速度受负载变化的影响较小，运动较平稳，在实际应用中大都采用排气节流调速的方式。

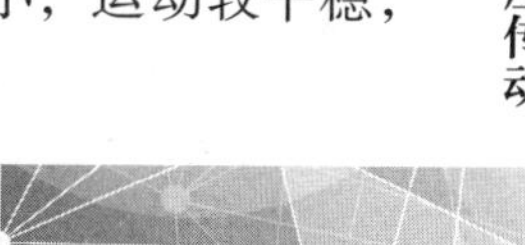

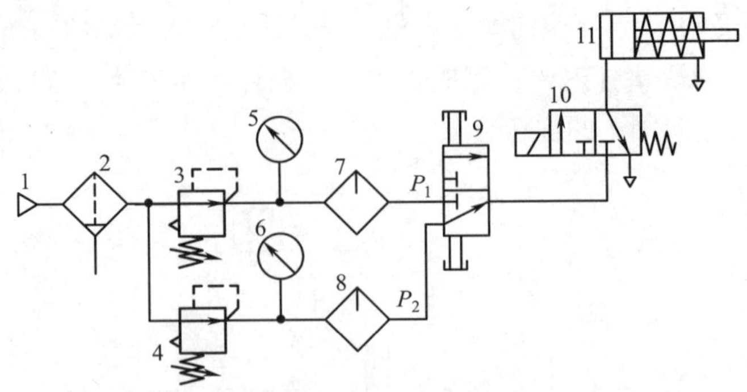

图 5–15　高、低压转换回路

1—气源　2—过滤器　3、4—减压阀　5、6—压力表
7、8—油雾器　9—二位三通手动换向阀　10—二位三通电磁换向阀　11—单作用弹簧复位气缸

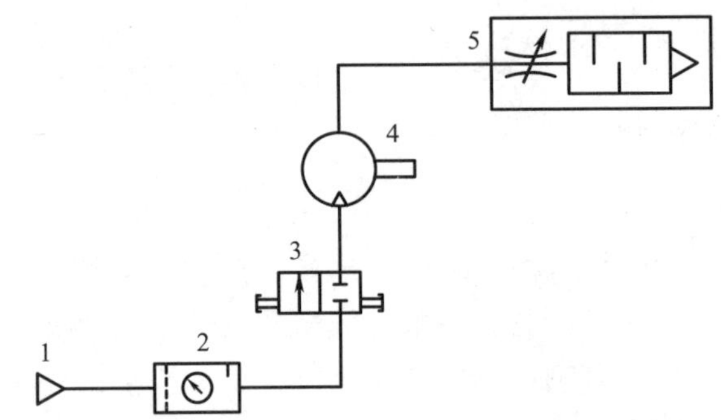

图 5–16　排气节流（气马达速度控制）回路

1—气源　2—气动三联件　3—二位二通手动换向阀　4—气马达　5—排气节流阀

第 2 节　液 压 传 动

液压传动属于流体传动，其工作原理与机械传动有着本质的区别。随着液压传动技术的发展，目前许多行业已经普遍采用液压传动技术，特别是在机床、工程机械、汽车、船舶等行业中得到了广泛应用。

一、液压传动基本原理和组成

1. 液压传动的基本原理

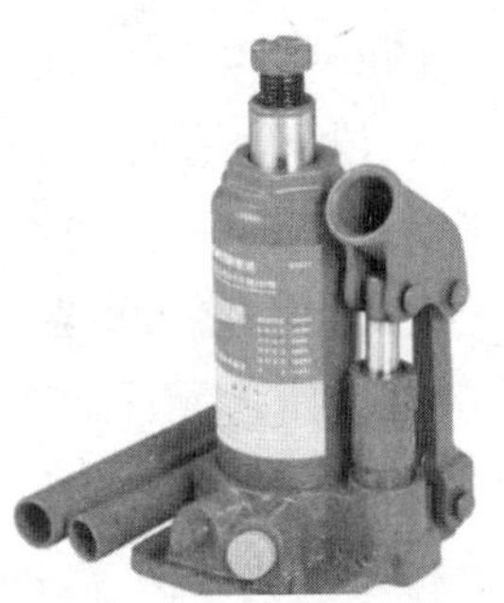

图 5–17　液压千斤顶

液压千斤顶（见图 5–17）是一个在生产、生活中经常用到的小型起重设备，常用于顶升重物。它是利用液压传动进行工作的。液压传动是用液体作为工作介质来传递能量和进行控制的传动方式。它利用柱塞、液压缸等元件，通过压力油将机械能转换为液压能，再转换为机械能。液

压千斤顶的工作原理如图 5-18 所示。大缸体 9 和大活塞 8 组成举升液压缸，杠杆手柄 1、小缸体 2、小活塞 3、单向阀 4 和单向阀 7 组成手动柱塞泵。具体工作过程如下：

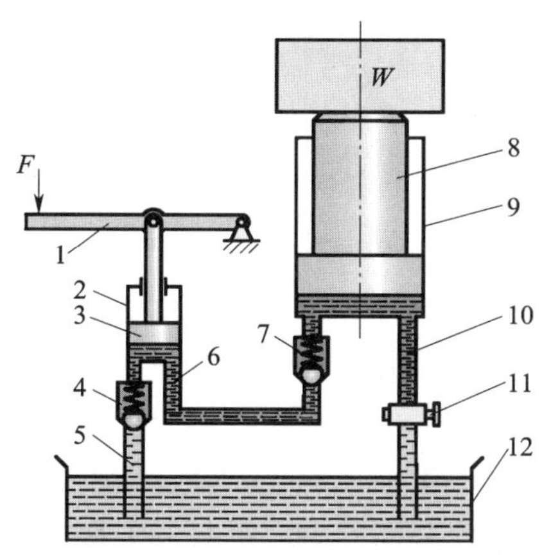

图 5-18　液压千斤顶的工作原理

1—杠杆手柄　2—小缸体　3—小活塞　4、7—单向阀　5—吸油管　6、10—管道　8—大活塞　9—大缸体　11—截止阀　12—油箱（通大气）

（1）小活塞吸油

当提起杠杆手柄 1 使小活塞 3 向上移动时，小活塞下端油腔容积增大，形成局部真空，这时单向阀 4 打开，通过吸油管 5 从油箱 12 中吸油。

（2）小活塞压油

当用力压下杠杆手柄 1 时，小活塞 3 向下移动，小缸体 2 的下腔压力升高，单向阀 4 关闭，单向阀 7 打开，小活塞下腔的油液经管道 6 输入大缸体 9 的下腔，迫使大活塞 8 向上移动，顶起重物。

再次提起杠杆手柄 1 吸油时，单向阀 7 关闭，使大缸体 9 中的油液不能倒流。不断往复扳动杠杆手柄 1，就能不断地将油液压入大缸体 9 的下腔，使重物逐渐地升起。

（3）大活塞卸油

打开截止阀 11，大缸体下腔的油液通过管道 10、截止阀 11 流回油箱 12，大活塞 8 在重物和自重的作用下向下移动，回到原位。

通过以上分析，可总结出液压传动的工作原理：液压传动是以压力油为工作介质，通过动力元件（液压泵）将原动机的机械能转换为压力油的压力能；再通过控制元件，借助执行元件（液压缸或液压马达）将压力能转换为机械能，驱动负载实现直线或回转运动；通过控制元件对压力和流量的调节，可以调节执行元件的压力和速度。

2. 液压传动系统的组成

液压传动系统由动力部分、执行部分、控制部分、辅助部分和工作介质五部分组成。

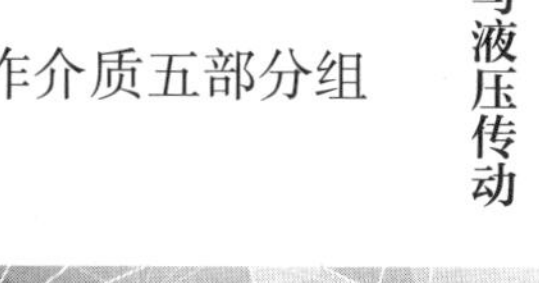

（1）动力部分

动力部分将原动机输出的机械能转换为油液的压力能（液压能）。动力元件为液压泵。在液压千斤顶中手动柱塞泵（由单向阀 4、小活塞 3、小缸体 2、杠杆手柄 1 和单向阀 7 等组成）为动力元件。

（2）执行部分

执行部分将输入的油液压力能转换为带动机构工作的机械能。执行元件有液压缸和液压马达。在液压千斤顶中液压缸（由大活塞 8 和大缸体 9 组成）为执行元件。

（3）控制部分

控制部分用来控制和调节油液的压力、流量和流动方向。控制元件有各种压力控制阀、流量控制阀和方向控制阀等。在液压千斤顶中截止阀 11 为控制元件。

（4）辅助部分

辅助部分和动力、执行、控制部分一起组成一个系统，起储油、输油、过滤、测量和密封等作用，以保证系统正常工作。辅助元件有油箱、过滤器、蓄能器、管路、管接头、密封件及测量仪表等。在液压千斤顶中管道 6 和管道 10、油箱 12 等为辅助元件。

（5）工作介质

液压传动系统中还包括工作介质，主要是指传递能量的液体介质，即各种液压油。

3. 液压传动的应用特点

（1）液压传动的优点

液压传动与机械传动、电气传动相比，具有以下优点：

1）易于获得很大的力和力矩。

2）调速范围大，易实现无级调速。

3）质量轻，体积小，动作灵敏。

4）传动平稳，易于频繁换向。

5）易于实现过载保护。

6）便于采用电液联合控制以实现自动化生产。

7）液压元件能够自润滑，元件使用寿命长。

8）液压元件已实现系列化、标准化、通用化。

（2）液压传动的缺点

液压传动具有以下缺点：

1）泄漏会引起能量损失（称为容积损失），这是液压传动中的主要损失。此外，还有管道阻力及机械摩擦所造成的能量损失（称为机械损失），所以液压传动的效率较低。

2）液压系统产生故障时，不易找到原因，维修困难。

3）为减少泄漏，液压元件的制造精度要求较高。

4. 液压元件的图形符号

常用液压元件的图形符号见表 5-2。

表 5-2　常用液压元件的图形符号（摘自 GB/T 786.1—2021）

名称	图形符号	说明
单向定量液压泵	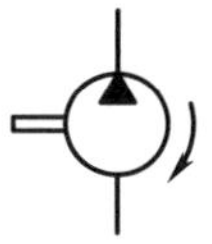	顺时针单向旋转，单向流动，定排量
单向变量液压泵	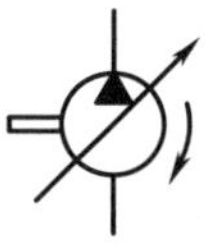	顺时针单向旋转，单向流动，变排量
双作用单杆缸	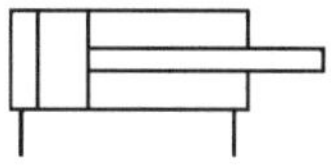	单边有杆，双向液压驱动，双向推力和速度不等
双作用双杆缸	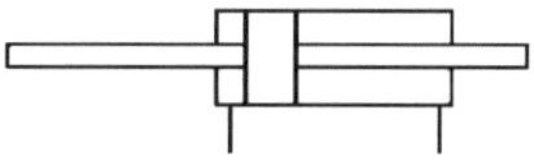	双边有杆，双向液压驱动，可实现等速往复运动
单向定量马达	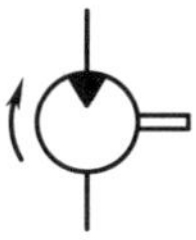	顺时针单向旋转，只能单向输入，输入流量不可以调节
单向变量马达		顺时针单向旋转，只能单向输入，输入流量可以调节
油箱		—
过滤器	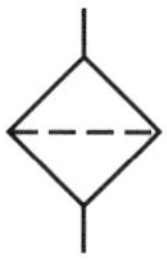	一般过滤器
普通单向阀		—
二位四通电磁换向阀	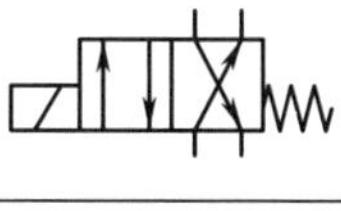	单电磁铁操纵，弹簧复位
三位四通电磁换向阀	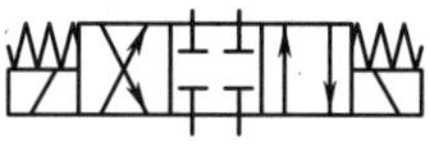	弹簧对中，双电磁铁直接操纵，可以有不同的中位机能

续表

名称	图形符号	说明
直动式溢流阀		开启压力由弹簧调节
直动式减压阀		出口压力由弹簧调节，外泄型
节流阀		流量可调节

二、液压动力元件与执行元件

1. 液压泵

液压泵是液压传动系统的动力元件，它是将电动机或其他原动机输出的机械能转换为液压能的装置。其作用是向液压传动系统提供压力油。

液压泵的种类很多，按照结构不同，分为齿轮泵、叶片泵、柱塞泵和螺杆泵等，其中外啮合齿轮泵（见图 5–19）的结构简单，成本低，抗污及自吸性好，因此广泛应用于低压系统。

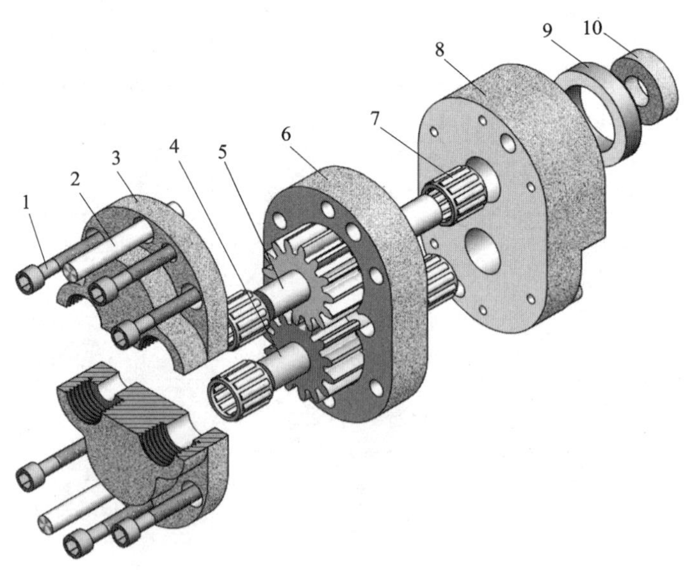

图 5–19　外啮合齿轮泵

1—螺钉　2—圆柱销　3—左泵盖　4—从动齿轮轴　5—主动齿轮轴
6—泵体　7—滚针轴承　8—右泵盖　9—压环　10—密封圈

外啮合齿轮泵的工作原理如图 5–20 所示。当齿轮按图示箭头方向旋转时，右方吸油室由于相互啮合的轮齿逐渐脱开，密封工作容积逐渐增大，形成局部真空，因此油箱中的油液在外界大气压力的作用下，经吸油口进入吸油腔，将齿间的槽充满，并随着齿轮旋转，把油液带到左侧压油室。随着齿轮的相互啮合，压油室密封工作腔容积不断减小，油液便被挤出去，从压油口输送到压力管路中去。齿轮啮合时，轮齿的接触线把吸油腔和压油腔分开。

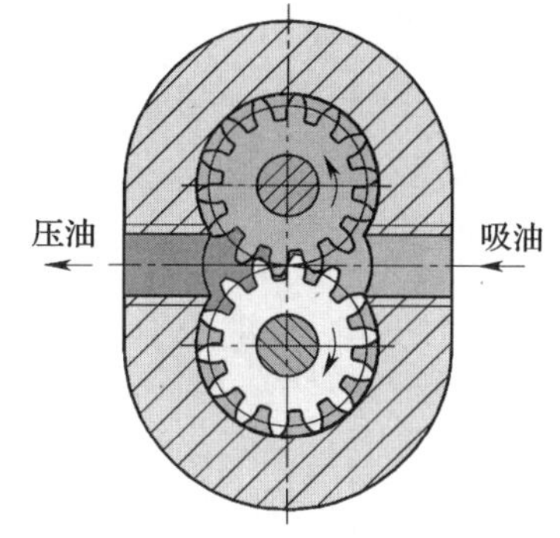

图 5–20　外啮合齿轮泵的工作原理

2. 液压缸

液压缸的类型很多，其中双作用单杆液压缸是经常采用的一种，其结构如图 5–21 所示，主要由缸筒 10、活塞 11、活塞杆 6、缸底 12 和缸盖 3（兼导向套）等组成。无缝钢管制成的缸筒与缸底焊接在一起，为了防止油液内外泄漏，在缸筒与活塞之间、缸筒和缸盖（兼导向套）之间、活塞杆与缸盖（兼导向套）之间、活塞杆与活塞之间分别安装了密封圈。油口 *A* 和油口 *B* 都可以通液压油，以实现双向运动，故称为双作用液压缸。

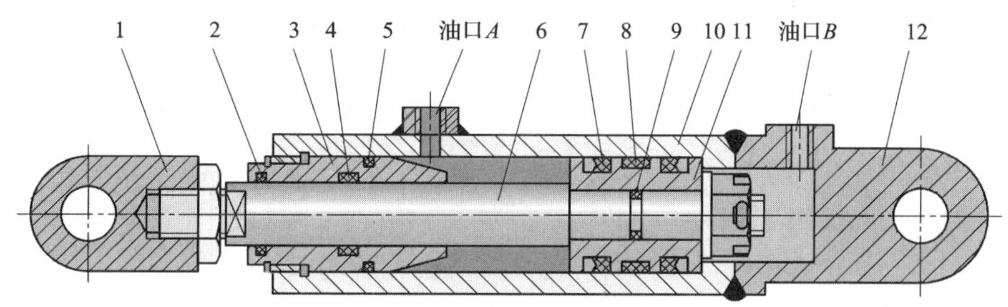

图 5–21　双作用单杆液压缸

1—耳环　2、4、5、7、8、9—密封圈

3—缸盖（兼导向套）　6—活塞杆　10—缸筒　11—活塞　12—缸底

双作用单杆液压缸的结构特点是活塞的一端有杆，而另一端无杆，活塞两端的有效作用面积不等。在工作过程中，一端进油，另一端回油，压力油作用在活塞上形成一定的推力使得活塞杆前伸或后退。这种液压缸常用于各类机床，以满足较大负载、慢速工作进给和空载时快速退回的工作需要。

三、液压控制元件

在液压传动系统中，为了控制和调节液流的方向、压力和流量，以满足工作机械的各种要求，就要用到液压控制元件，即控制阀。根据用途和工作特点的不同，控制阀分为方向控制阀、压力控制阀和流量控制阀三大类。

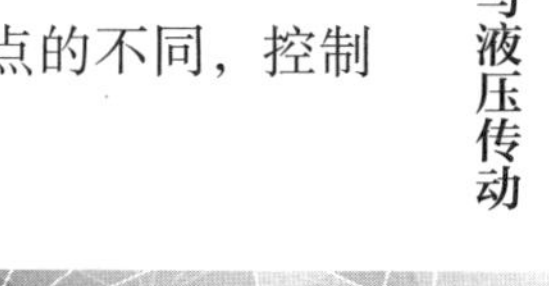

1. 方向控制阀

控制油液流动方向的阀称为方向控制阀，按用途分为单向阀和换向阀。

（1）单向阀

单向阀的作用是使通过阀的油液只向一个方向流动，而不能反方向流动。单向阀如图 5–22 所示，主要由阀体、阀芯和弹簧等组成。其工作原理是：液体从 P 口流入，克服弹簧力而将阀芯顶开，再从 A 口流出。当液压油反向流入时，由于阀芯被压紧在阀体的密封面上，所以液流被截止。钢球式单向阀的阀芯为球体，锥阀式单向阀的阀芯为锥套，它与阀体的密封面为圆锥面，其密封效果优于钢球式单向阀。

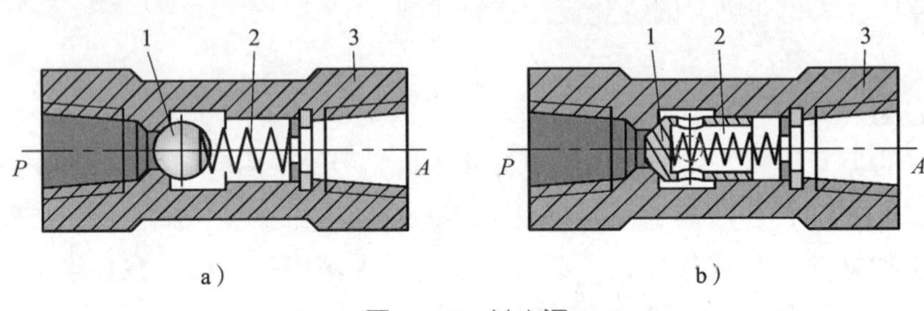

图 5–22　单向阀
a）钢球式单向阀　b）锥阀式单向阀
1—阀芯　2—弹簧　3—阀体

（2）换向阀

换向阀是利用阀芯在阀体内的轴向移动，改变阀芯和阀体间的相对位置，以变换油液流动的方向及接通或关闭油路，从而控制执行元件的换向、启动和停止。换向阀的种类很多，如图 5–23 所示为二位四通电磁换向阀，它由阀体 1、复位弹簧 2、阀芯 3、电磁铁 4 和衔铁 5 组成。阀芯能在阀体孔内滑动，阀芯和阀体孔都开有若干段环形槽，阀体孔内的每段环形槽都有孔道与外部的相应阀口相通。

图 5–23b 所示为电磁铁断电状态（初始状态），阀芯在复位弹簧作用下处于左位，通口 P 与 B 接通，通口 A 与 T 接通。液压泵输出的压力油经通口 P、B 进入液压缸左腔，推动活塞向右移动；液压缸右腔内的油液经通口 A、T 流回油箱。

图 5–23c 所示为电磁铁通电状态，衔铁被吸合，并将阀芯推至右端。液压泵输出的压力油经换向阀通口 P、A 进入液压缸右腔，推动活塞向左移动；液压缸左腔内的油液经通口 B、T 流回油箱。

2. 压力控制阀

压力控制阀（简称压力阀）的作用是控制液压传动系统中的压力，或利用系统中压力的变化来控制其他液压元件的动作。

（1）溢流阀

溢流阀在液压传动系统中主要有两方面的作用：一是起溢流调压及稳压作用，可保持液压传动系统的压力恒定；二是起限压保护作用，防止液压传动系统过载，因此溢流阀又称安全阀。

a）

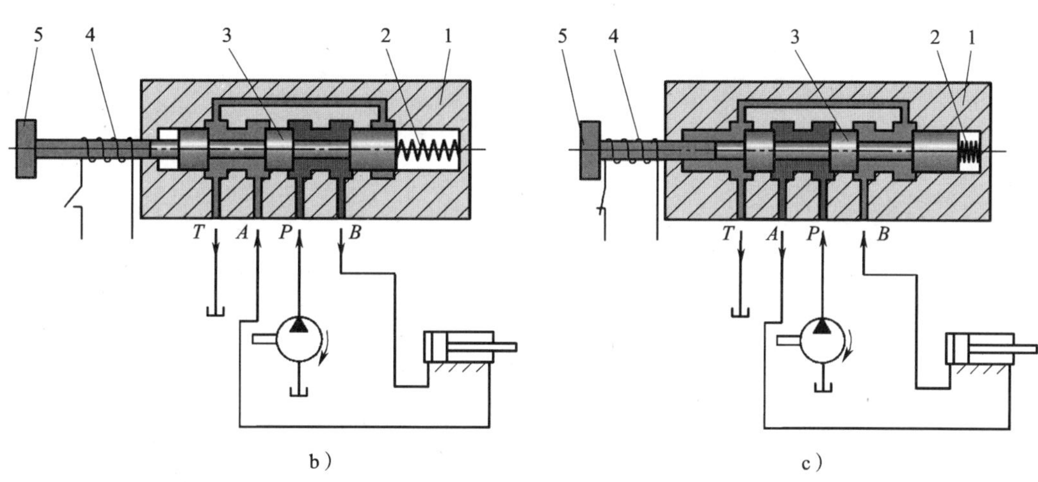

图 5-23　二位四通电磁换向阀

a）实物图　b）电磁铁断电状态　c）电磁铁通电状态

1—阀体　2—复位弹簧　3—阀芯　4—电磁铁　5—衔铁

图 5-24 所示为直动式溢流阀，它由阀体 3、阀芯 5（阀芯可以是锥形、球形或圆柱形）、调压弹簧 4、调压螺杆 1 和滑柱 2 等组成。压力油进口 P 与系统相连，油液溢出口 T 通油箱。

当进油口压力 p 小于溢流阀的调定压力 p_k 时，由于阀芯受调压弹簧力作用而使阀口关闭，油液不能溢出。

当进油口压力 p 等于溢流阀的调定压力 p_k 时，阀芯所受的液压力与弹簧力相平衡，此时阀口即将打开。

当进油口压力 p 超过溢流阀的调定压力 p_k 时，液压力将阀芯向上推起，压力油进入阀口后经通口 T 流回油箱，使进口处的压力不再升高。

溢流阀工作时，阀芯随着系统压力的变化而上下移动，以此维持系统压力基本稳定，并对系统起安全保护作用。

旋动调压螺杆可调节调压弹簧的预紧力，进而改变溢流阀的调节压力。

（2）减压阀

减压阀在液压传动系统中的主要作用是降低系统某一支路的油液压力，使同一系统有两个或多个不同压力。

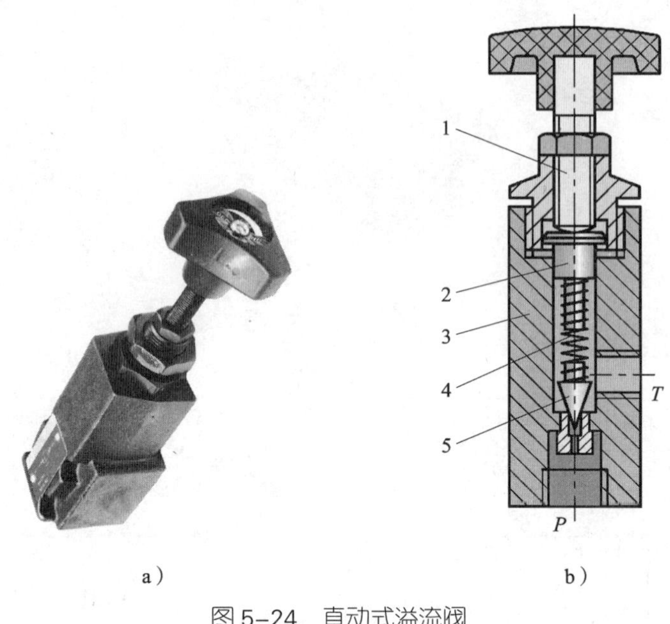

图 5–24　直动式溢流阀

a）外观图　b）工作结构原理图

1—调压螺杆　2—滑柱　3—阀体　4—调压弹簧　5—阀芯

图 5–25 所示为直动式减压阀，它由调压螺杆 1、滑柱 2、调压弹簧 3 和阀芯 4 等组成。结构中 h 为减压缝隙，P 为高压进油口，A 为低压出油口，L 为泄油口。

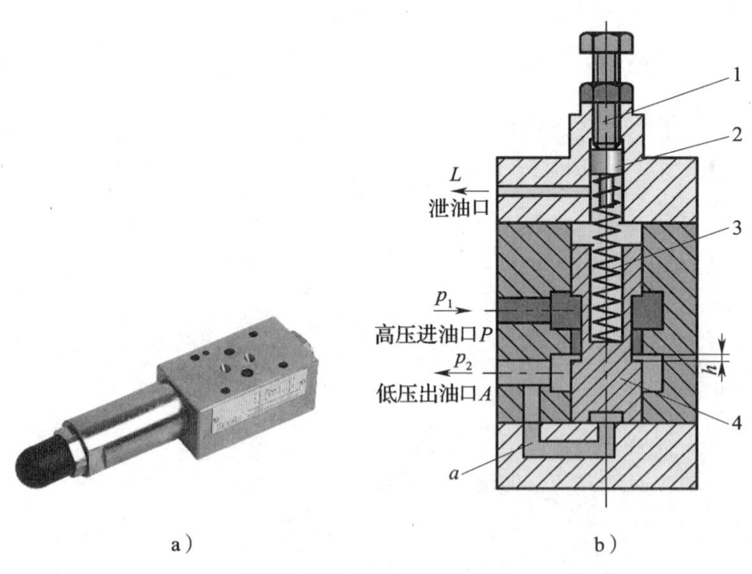

图 5–25　直动式减压阀

a）外观图　b）工作结构原理图

1—调压螺杆　2—滑柱　3—调压弹簧　4—阀芯

阀体内部通道将高压进油口 *P* 与低压出油口 *A* 连通，阀芯 4 的底部与出油口 *A* 相通，阀芯 4 的底部受到向上的液压力，该液压力与阀芯上腔的调压弹簧力相平衡。

减压阀在常态时是开启的，其进油口 *P* 和出油口 *A* 是连通的。油液经 *P* 口进入，从 *A* 口流出，并作用在负载上。

当作用在阀芯上的液压力小于弹簧力时，阀芯不动，减压阀进油口压力 $p_1=p_2$，其压力值由出口负载决定。

当作用在阀芯上的液压力大于弹簧力时，阀芯上移，使缝隙 *h* 减小，直至作用在阀芯上的液压力等于弹簧力，达到新的平衡。因缝隙 *h* 减小，产生的压力降增加，使 p_2 不再升高并稳定在调定值上，从而起到减压和稳压的作用。

旋动调压螺杆 1，加大或减小调压弹簧压缩量，可增大或减小 p_2 的值。

因直动式减压阀出油口接负载，所以泄油口 *L* 必须单独接回油箱。

3. 流量控制阀

节流阀是结构最简单、应用最普遍的一种流量控制阀。如图 5–26 所示，它借助控制机构使阀芯相对于阀体孔移动，以改变阀口的通流面积，从而调节输出流量。

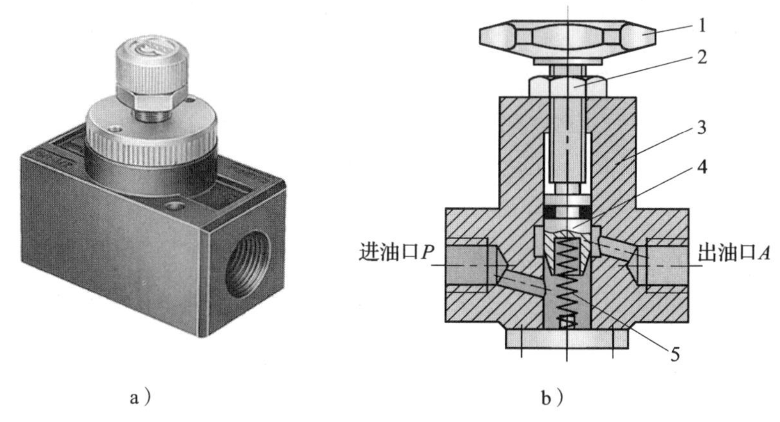

图 5–26　节流阀

a）外观图　b）工作结构原理图

1—调压手柄　2—锁紧螺母　3—阀体　4—阀芯　5—弹簧

油液在经过节流口时会产生较大的液阻，且通流截面积越小，油液受到的液阻就越大，通过阀口的流量就越小。所以，改变节流口的通流截面积，使液阻发生变化，就可以调节流量的大小。拧动阀上方的调压手柄，可以使阀芯沿轴向移动，从而改变阀口的通流截面积，使通过节流口的流量得到调节。

四、液压传动系统基本回路

1. 方向控制回路

图 5–27 所示为采用 O 型三位四通手动换向阀的换向回路，它实现了双作用单杆

缸的换向。当换向阀左位工作时，活塞杆伸出；当换向阀右位工作时，活塞杆缩回；当换向阀处于中位时，活塞被锁紧。

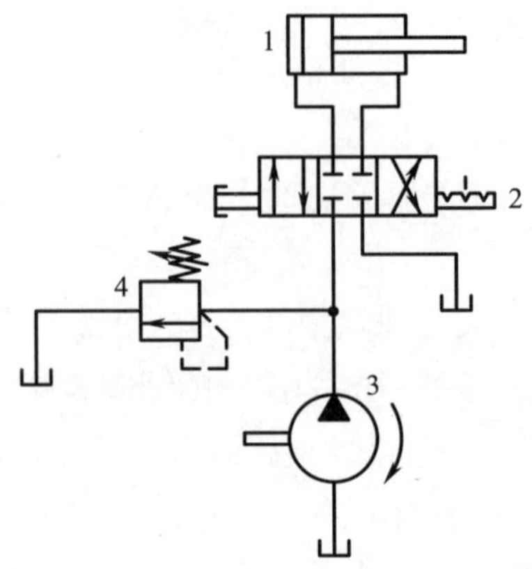

图 5-27 采用 O 型三位四通手动换向阀的换向回路

1—液压缸 2—换向阀 3—液压泵 4—溢流阀

2. 压力控制回路

图 5-28 所示为支路减压回路，整个系统的工作压力由溢流阀 6 调定，回路中有液压缸 1 和 2 两个执行元件，当液压缸 1 所需要的压力低于溢流阀 6 的调定压力时，在液压缸 1 的进油路上串联直动式减压阀 8。单向阀 7 的作用是在液压缸 1 回油时接通油路，使回油流入油箱，而不必通过减压阀 8。

3. 速度控制回路

回油节流调速回路如图 5-29 所示，节流阀 5 串联在液压缸 6 右腔的油路中。当换向阀 3 处于左位时，压力油通过换向阀 3 进入液压缸左腔，右腔的油液通过节流阀 5 进入换向阀 3 后流入油箱。此时节流阀工作，起到节流调速的作用。

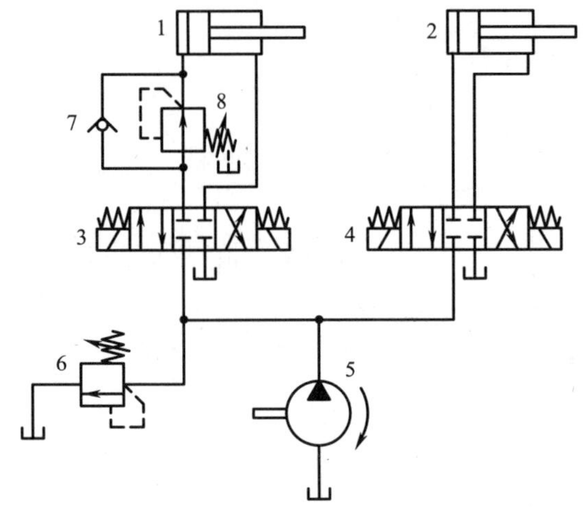

图 5-28 支路减压回路

1、2—液压缸 3、4—换向阀 5—液压泵

6—溢流阀 7—单向阀 8—直动式减压阀

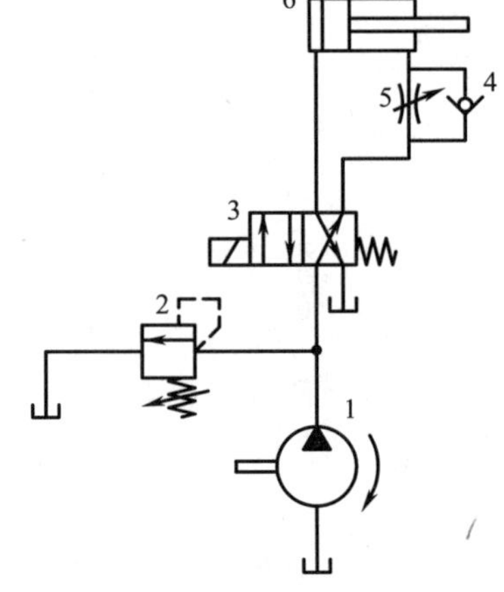

图 5-29 回油节流调速回路

1—液压泵 2—溢流阀 3—二位四通电磁换向阀

4—单向阀 5—节流阀 6—液压缸

课后练习

1. 气压传动系统由哪几部分组成?

2. 空气压缩机有何作用?

3. 单作用气缸是如何工作的?

4. 单向阀有何用途?

5. 高、低压转换回路是如何实现压力调节和转换的?

6. 简述齿轮泵的工作原理。

7. 支路减压回路中，系统压力和支路压力靠什么调节?

8. 回油节流调速回路靠什么调节液压缸活塞杆的伸出速度?为何回程速度无法调节?

第 6 章 机械基础实训

学习目标

1. 掌握凸缘联轴器、单级齿轮减速器、输出轴组件的拆装步骤和方法，培养一定的设备拆装能力。
2. 了解台钻速度调节的步骤和方法。

第 1 节　拆装凸缘联轴器

一、实训目的

通过拆装凸缘联轴器，进一步了解凸缘联轴器的结构和用途，掌握凸缘联轴器的拆装方法，培养设备拆装的能力。

二、任务描述

如图 6–1 所示为凸缘联轴器总成，拆装任务的要求如下：

1. 了解凸缘联轴器的结构及工作原理。
2. 选择合理的拆卸工具对凸缘联轴器进行拆卸。
3. 采用正确的工艺步骤对凸缘联轴器进行安装。

三、实训设备及工具

凸缘联轴器总成、钳工工作台、呆扳手或梅花扳手（见图 6–2）、铜棒、锤子等。

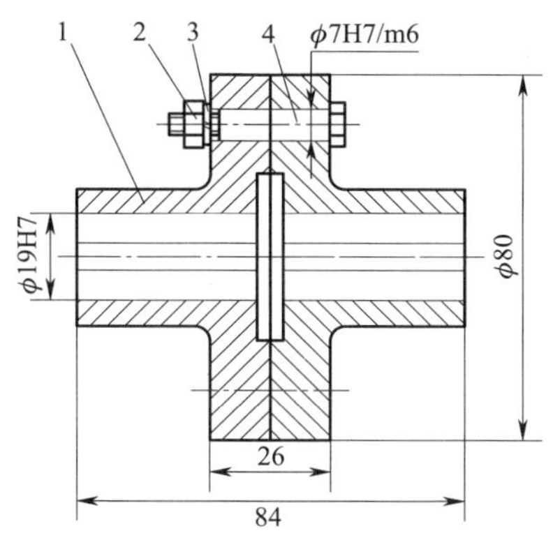

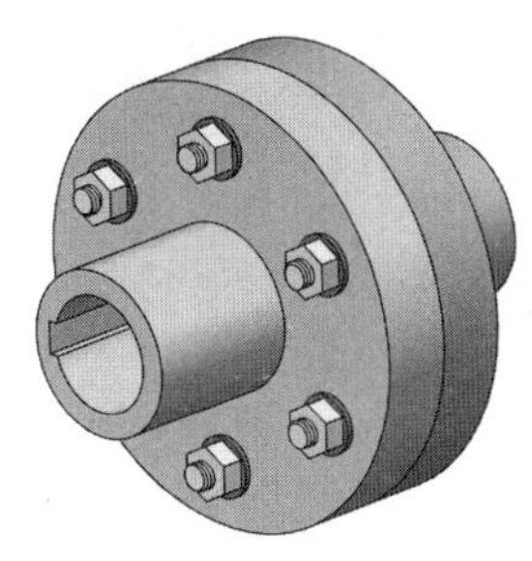

图 6–1　凸缘联轴器总成

1—半联轴器　2—螺母　3—弹簧垫圈　4—连接螺栓

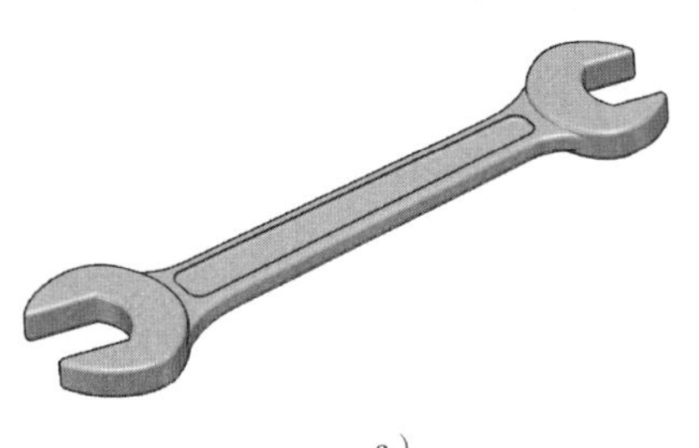

a）

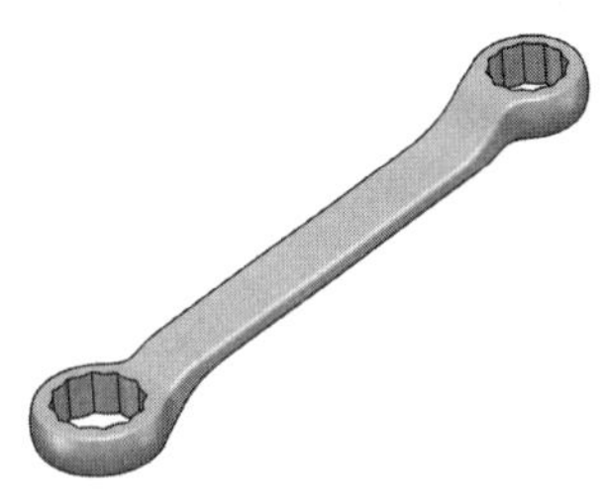

b）

图 6–2　扳手

a）呆扳手　b）梅花扳手

四、任务实施

1. 了解各零件之间的装配连接关系

在拆卸凸缘联轴器前，首先要查阅相关资料，了解各零件的结构及它们之间的装配连接关系。通过分析图 6–1 不难看出，螺栓和两个半联轴器之间都采用了过渡配合，实际产品可能有较小的过盈量。

2. 拆卸凸缘联轴器

（1）拆卸前

拆卸凸缘联轴器前，要对凸缘联轴器各零件之间相互结合的位置做标记，以作为装配时的参考。

（2）拆卸螺母

拆卸凸缘联轴器时，一般先拆卸连接螺栓上的螺母。螺母的拆卸必须选择合适的工具，由于拆卸螺母所需要的转矩比较大，为防止因扳手打滑损坏螺母外部的六棱柱，应选用呆扳手或梅花扳手。拆卸螺母时，要按照对角拆卸的顺序（见图 6–3），先将各螺母拧松 1 ~ 2 圈，以免力量最

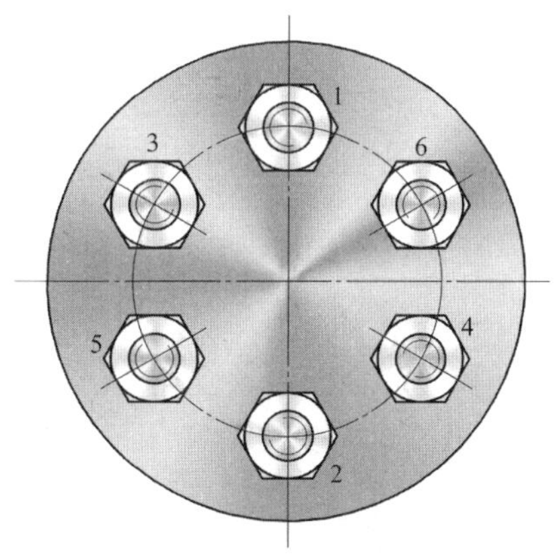

图 6–3　螺母的拆卸或拧紧顺序

后集中到一个螺母上，造成难以拆卸或零件变形、损坏。

（3）拆卸螺栓

拆卸螺栓时，若螺栓与孔配合较紧，可在螺杆端部垫上直径小于孔径的铜棒，然后再用锤子敲击铜棒。但在敲击时应注意用力不能太大，以免损坏螺栓上的螺纹。拆卸螺栓时还应注意将半联轴器进行适当固定，防止半联轴器歪倒伤人或损坏零件。

3. 装配凸缘联轴器

（1）装配前

将凸缘联轴器的各零件清洗干净，擦干后在零件的配合表面涂抹机油。

（2）安装螺栓

将两个半联轴器的螺栓孔对齐，注意使键槽在同一位置。在安装螺栓时，可在螺栓头的端面上垫上木块，用锤子敲击木块。

（3）安装螺母

为了保证每个螺栓预紧力的一致，拧紧螺母时，应分两次或三次逐步拧紧，且必须对称进行。

第 2 节　拆装单级齿轮减速器

一、实训目的

通过拆装单级齿轮减速器，掌握拆装机械零部件的一般方法和步骤，培养拆装机械零部件的能力。

二、任务描述

图 6–4 所示为单级齿轮减速器，图 6–5 所示为该减速器的装配示意图，拆装要求如下：

1. 查阅单级齿轮减速器的有关技术资料，了解其工作原理。
2. 了解箱体、箱盖、轴和齿轮的结构，了解轴上零件的定位和固定方法。
3. 了解齿轮和轴承的润滑、密封方法，以及各附属零件的作用、构造和安装位置。
4. 熟悉减速器的拆装、调整方法和过程。

三、实训设备及工具

单级齿轮减速器、钳工工作台、活扳手、锤子、旋具及其他拆装工具等。

四、任务实施

1. 分析结构，拟定拆卸步骤

观察实物并参照装配图分析减速器的结构。单级齿轮减速器主要由箱体、箱盖，齿轮轴、输出轴及其上的齿轮、轴承、定位套等零件组成。拆卸时，先拆卸箱盖及其上零件，然后拆卸齿轮轴组件和输出轴组件等。

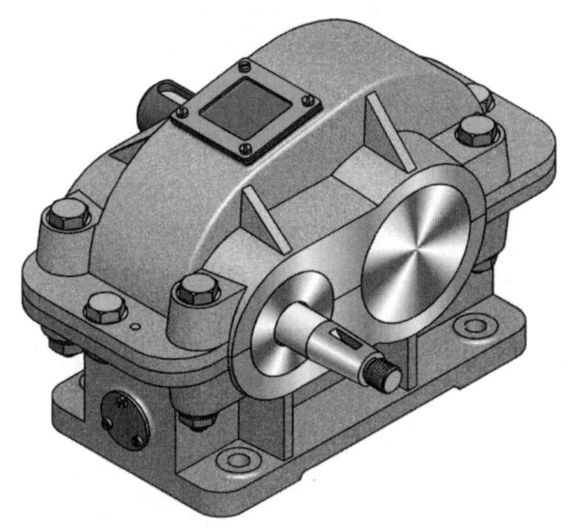

图 6-4 单级齿轮减速器

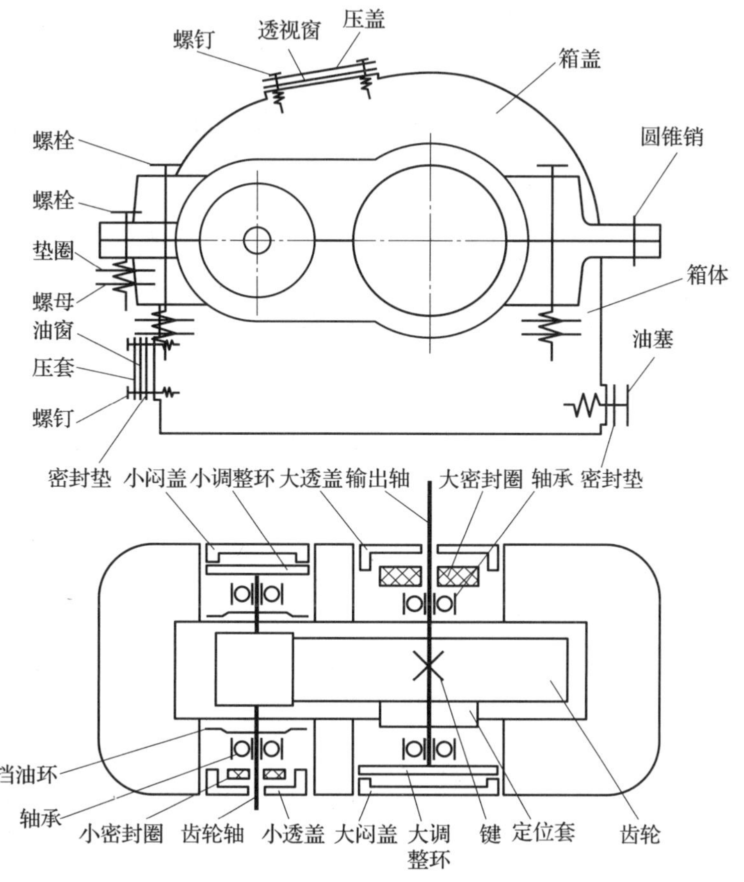

图 6-5 单级齿轮减速器装配示意图

2. 拆卸箱盖

（1）拆卸减速器前，首先要观察减速器的外部结构，分析其上各零件的作用。用手转动减速器齿轮轴（动力输入轴），观察输出轴的运转情况。将减速器箱体与箱盖的结合面做好相对位置标记。在拆卸过程中，要将拆卸过程拍照留存，以作为装配时的参考。

（2）用锤子轻轻敲击定位销的底端，拆下定位销，如图 6–6 所示。

注意：要将定位销、螺钉、螺栓、螺母和垫圈等小零件集中放置，以免丢失。

（3）用活扳手将箱体与箱盖上连接螺栓的螺母拆下，如图 6–7 所示。拆卸时要按照对称的顺序先将螺母拧松 1 圈左右，然后再依次将螺母卸下。拆卸时要检查螺栓和螺母有无残缺、破损、裂纹。将垫圈套在螺栓上，然后将螺母旋到螺栓上。

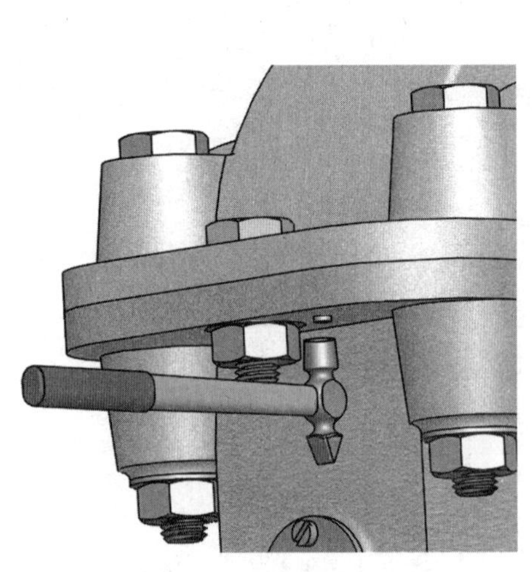
图 6–6　拆卸定位销

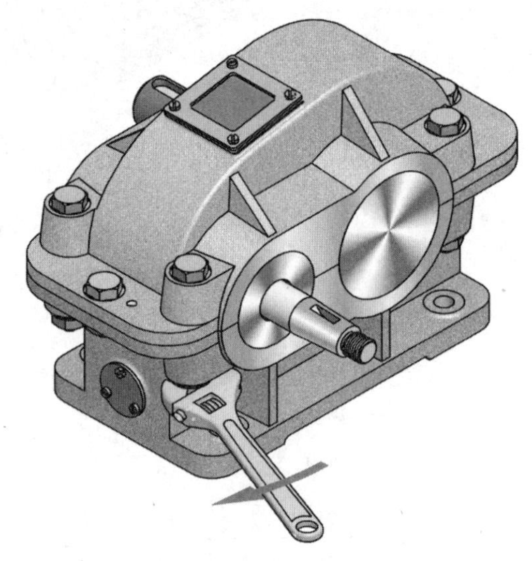
图 6–7　拆卸螺母

（4）用旋具在箱体与箱盖结合面处撬动箱盖，然后将箱盖及其上零件拆下，如图 6–8 所示。注意不要磕碰零件，要保护好箱盖的配合面和结合面。

（5）仔细观察箱体内各零部件的结构及位置（见图 6–9）。并分析以下问题：

1）各传动轴上有哪些零部件？

2）传动轴如何进行轴向定位？

用手转动齿轮轴，观察齿轮啮合情况。

从图 6–9 中可以看出，齿轮轴上的齿轮与轴为一体，齿轮两边轴颈上安装了轴承，齿轮轴依靠轴承外圈与端盖的结合面进行轴向定位。输出轴上安装了齿轮，齿轮一端靠轴肩定位，另一端安装了定位套，滚动轴承安装在轴的两端，输出轴的轴向定位与齿轮轴相同。

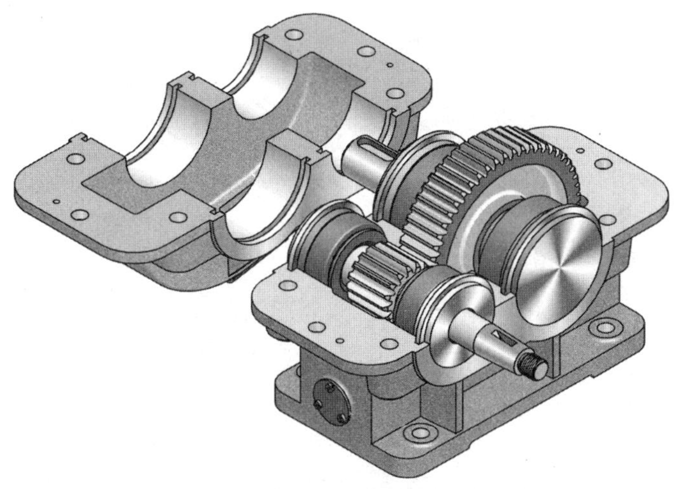
图 6-8 拆卸箱盖

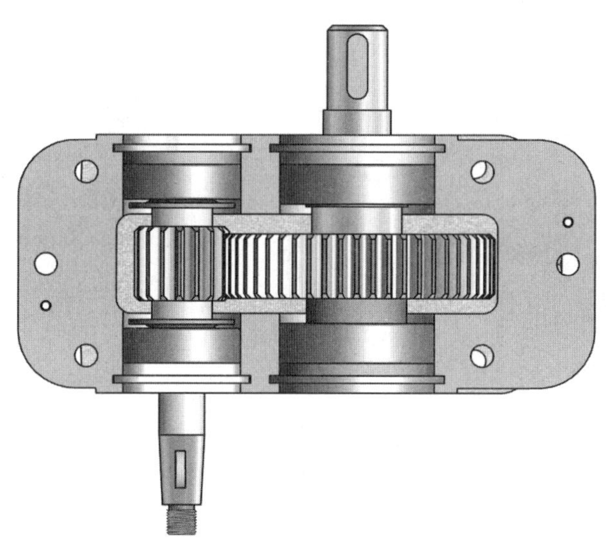
图 6-9 减速器的内部结构

3. 拆卸齿轮轴和输出轴

（1）将齿轮轴和输出轴及轴上零件一起从箱体中取出（见图 6-10）。观察端盖的形状，分析透盖上密封圈的材料及作用。观察轴承的结构，分析轴承的定位情况。

（2）拆卸齿轮轴和输出轴上的零件。

4. 装配减速器

（1）将零件清洗、擦拭干净。

（2）将齿轮轴和输出轴上的零件安装好。

（3）将透盖安装到箱体上。

（4）安装齿轮轴组件和输出轴组件，调整位置。

（5）安装闷盖，根据轴承与端盖之间的空隙安装调整垫片。

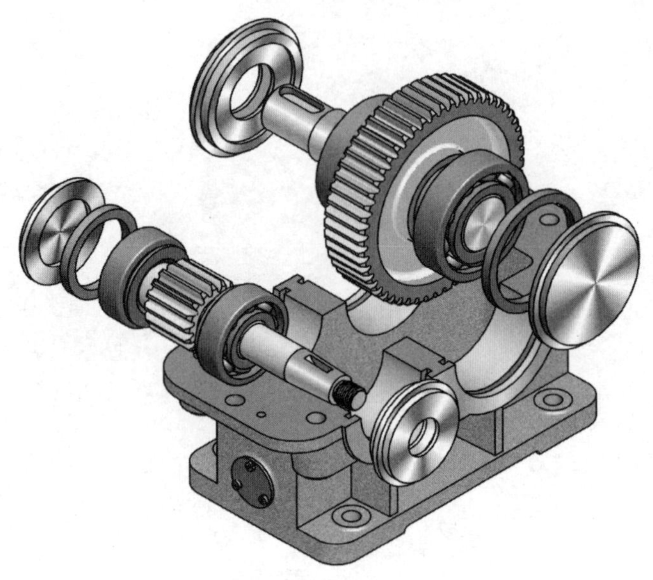

图6-10　拆卸齿轮轴和输出轴

（6）安装箱盖。

（7）安装定位销。

（8）用螺栓连接箱体与箱盖。拧紧螺母时要按照对称的顺序进行。首先对螺母进行预紧，然后再完全拧紧螺母。

（9）完成装配后，用手转动齿轮轴，查看输出轴是否能灵活转动。

五、注意事项

1. 要认真分析装配体及零件的结构，制定拆装方案。

2. 要合理选择拆卸工具和拆装方法，按规定顺序拆装。严禁乱敲打，硬撬拉，避免损坏零件。

3. 拆下的零件要进行分类、分组存放，并对零件进行编号登记，按顺序摆放。

4. 注意安全，认真操作，防止手脚被碰伤或砸伤。

5. 爱护工具和设备，工具和零件要轻拿轻放，防止损坏。

第3节　拆装输出轴组件

一、实训目的

通过拆装输出轴组件，进一步了解轴的结构，了解齿轮在轴上的固定方法，了解轴承的定位方法，掌握轴承和齿轮的拆装方法，培养拆装轴上零件的能力。

二、任务描述

如图 6–11 所示为单级齿轮减速器的输出轴组件，其上安装了齿轮、轴承、定位套等零件，拆装任务的要求如下：

1. 看懂输出轴的有关技术资料，了解输出轴上齿轮、轴承等的定位和固定情况。

2. 掌握滚动轴承、齿轮和键的拆装方法。

三、实训设备及工具

单级齿轮减速器输出轴组件、钳工工作台、顶拔器（见图 6–12）、铜棒、锤子、钢丝钳、专用压套（见图 6–13）及其他拆装工具等。

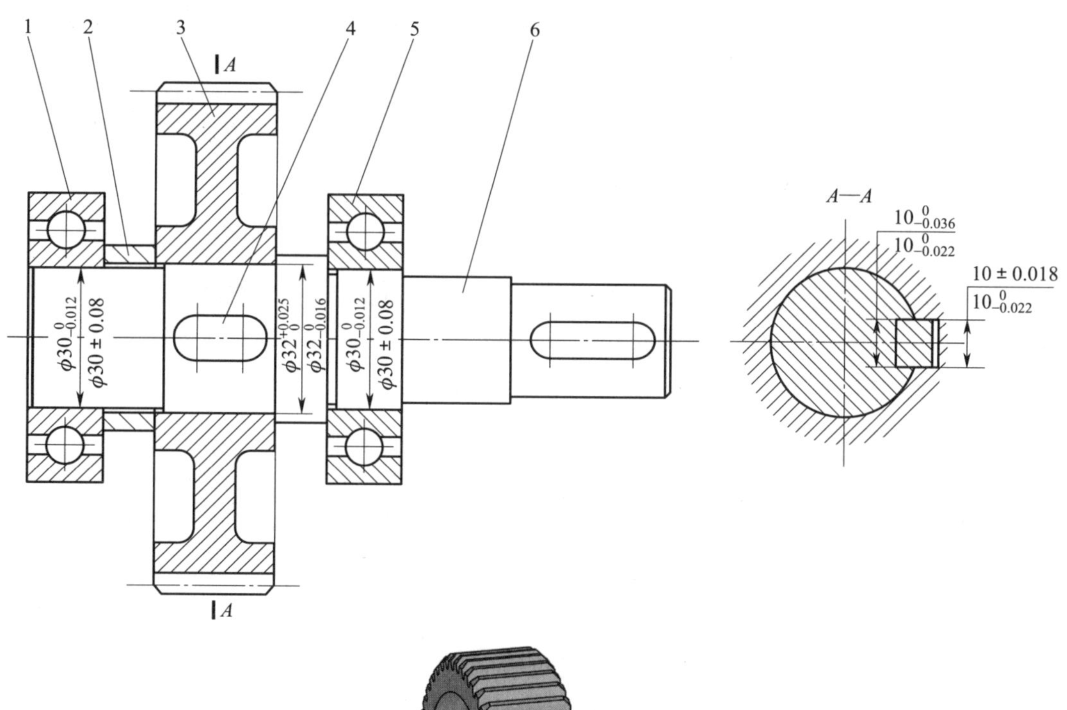

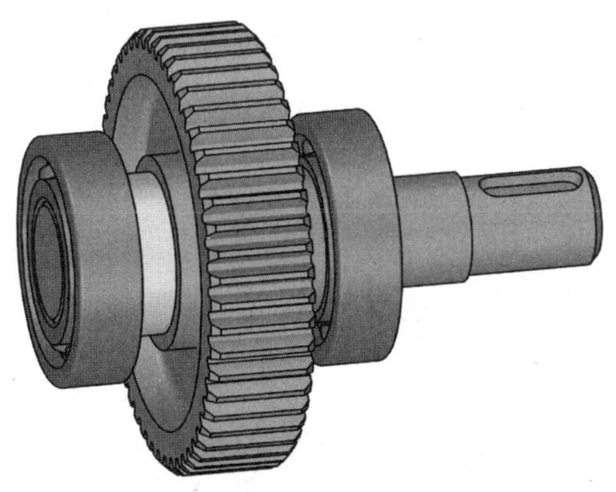

图 6–11 单级齿轮减速器的输出轴组件

1、5—深沟球轴承 2—定位套 3—齿轮 4—键 6—输出轴

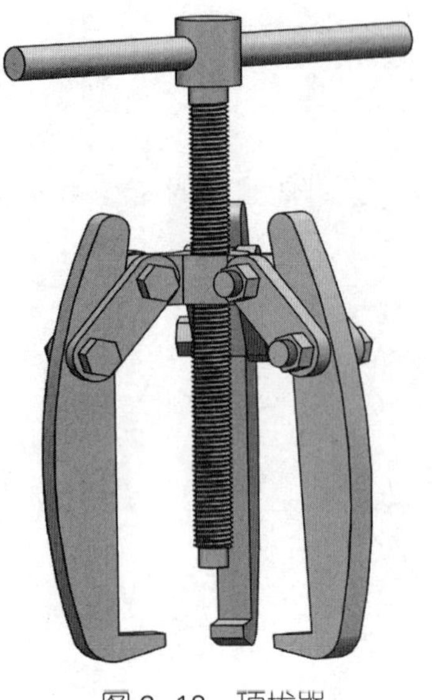
图 6–12　顶拔器

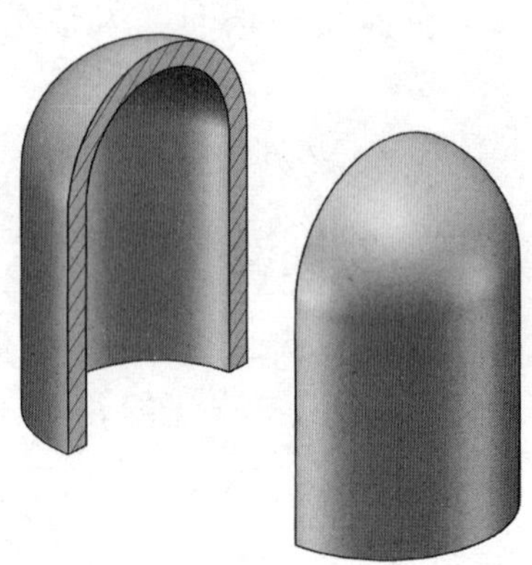
图 6–13　专用压套

四、任务实施

1. 分析结构

分析图 6–11 不难看出，输出轴上安装了轴承和齿轮，轴承与轴之间是过渡配合，其最大过盈量较小，齿轮和轴之间的配合属于间隙配合，其最小间隙为 0。键和轴之间、键和齿轮之间的配合属于过盈量较小的过渡配合。

2. 拆卸输出轴组件

（1）拆卸轴承

由于轴承与轴之间属于过渡配合，必须借助工具才能将其拆下，一般可用顶拔器进行拆卸，如图 6–14 所示。在拆卸时，不允许让轴承的外圈、保持架和滚动体受力。

（2）拆卸定位套

因为定位套与轴之间有很大的间隙，因此可以用手直接拆下。

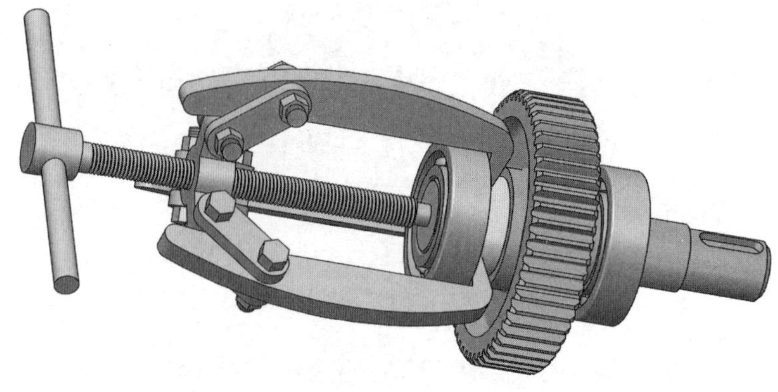
图 6–14　拆卸轴承

（3）拆卸齿轮

用顶拔器将齿轮从输出轴上拆下，如图 6–15 所示。也可以用铜棒垫在齿轮的轮毂上，用锤子对称地在轮毂端面上均匀敲击，将齿轮卸下。

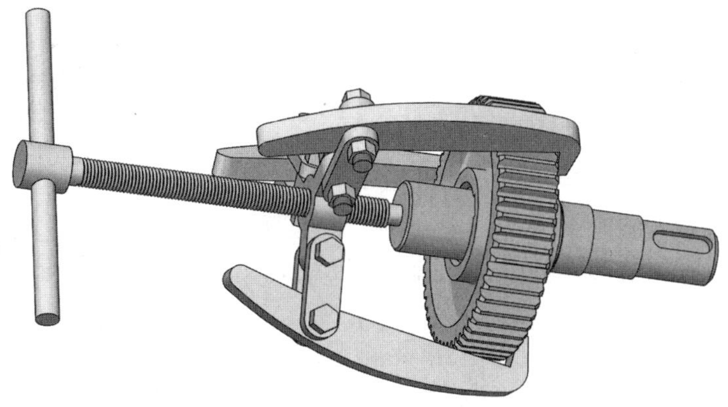

图 6–15　拆卸齿轮

（4）拆卸键

用钢丝钳将键从输出轴上拆下，如图 6–16 所示。

3. 装配输出轴组件

（1）装配键

清理键及键槽上的毛刺，以防止安装不到位或产生较大的过盈量。在配合面上涂上机油，将铜棒垫在键上，用锤子敲击铜棒，将键压入键槽（见图 6–17）。注意：要保证键与槽底接触良好。

图 6–16　拆卸键

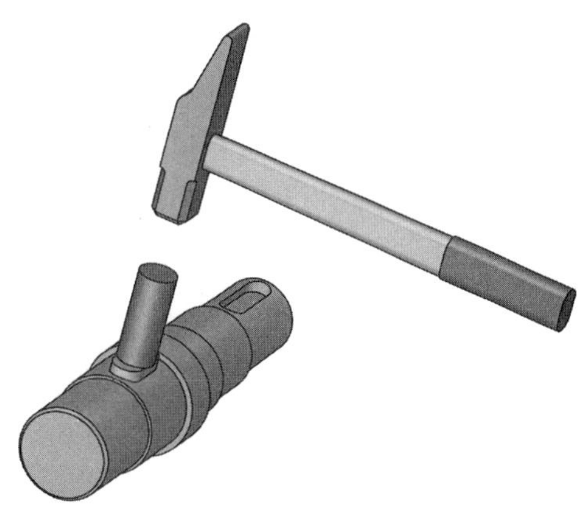

图 6–17　装配键

（2）装配齿轮

输出轴上的齿轮与轴之间是间隙配合，可以采用锤击法将齿轮装配到轴上。具体方法是：将齿轮轮毂上的键槽对准键，用铜棒垫在齿轮的轮毂上，对称地在轮毂端面上均匀敲击，将齿轮装入，如图 6–18 所示。

（3）装配定位套

去除定位套上的毛刺并擦拭干净，用手将其套在轴上。

（4）装配滚动轴承

用锤击法将滚动轴承装在轴上。安装时，为保证对轴承所施加的压力垂直、均匀地分布在轴承内圈上，必须采用专用压套，如图 6–19 所示。若配合过盈量较小，也可将铜棒垫在轴承内圈端面上，用锤子对称、均匀敲击，将轴承装入。

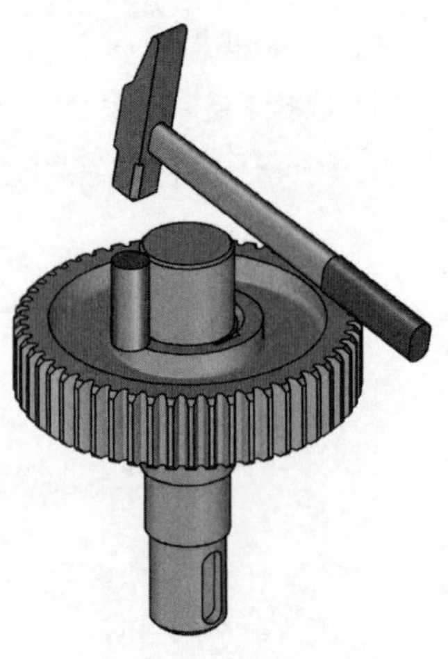

图 6–18　装配齿轮

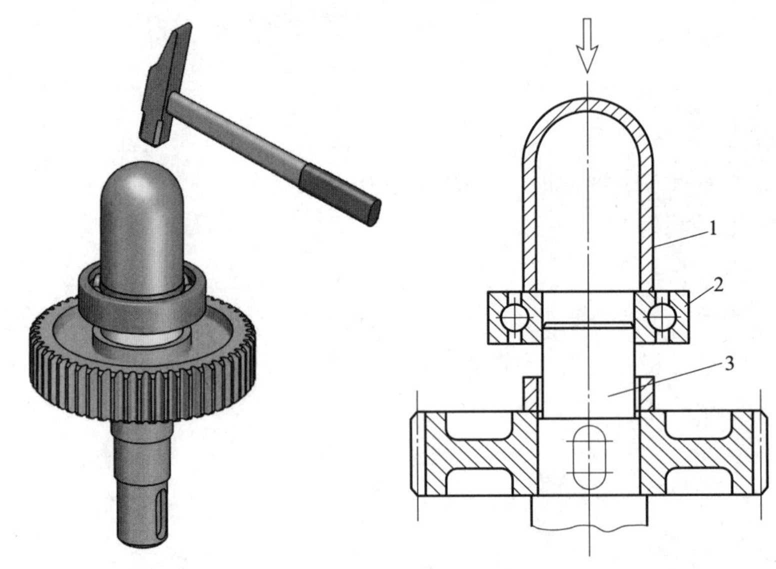

图 6–19　装配滚动轴承

1—专用压套　2—滚动轴承　3—输出轴

第 4 节　调节台钻速度

一、实训目的

通过实训进一步了解 V 带传动的特点，掌握 V 带的调整和张紧方法，掌握台钻速度的调节方法。

二、任务描述

台钻主轴的变速采用塔式带轮机构，通过改变 V 带的位置，可实现 5 种不同的转速，如图 6–20 所示。V 带在最高位置时主轴转速最高，在最低位置时主轴转速最低。V 带张紧力的调整依靠水平移动电动机实现。

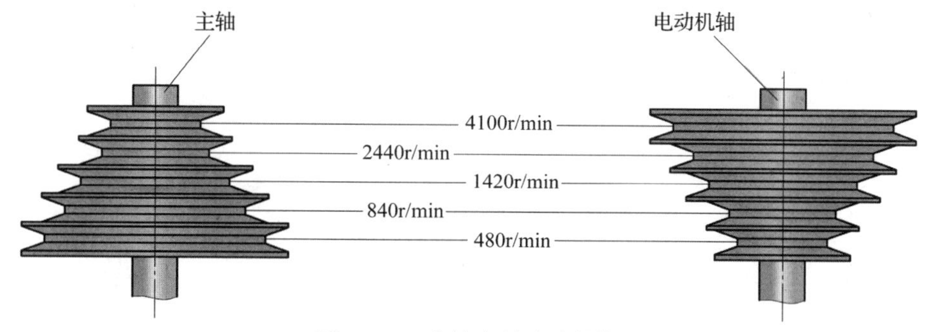

图 6–20　台钻主轴变速机构

三、实训设备及工具

台钻、旋具及其他钳工常用工具。

四、任务实施

1. 调小 V 带轮的中心距

在调节台钻转速时，首先要调小电动机轴与台钻主轴之间的中心距，具体操作步骤见表 6–1。

表 6–1　调小 V 带轮中心距的操作步骤

步骤	操作要点	图示说明
1	拉下空气开关，切断钻床的电源，并在开关的操纵把手上悬挂“禁止合闸”的警示牌，确保操作安全	

续表

步骤	操作要点	图示说明
2	逆时针旋转台钻防护罩的固定螺母，卸下螺母及垫圈	
3	取下防护罩	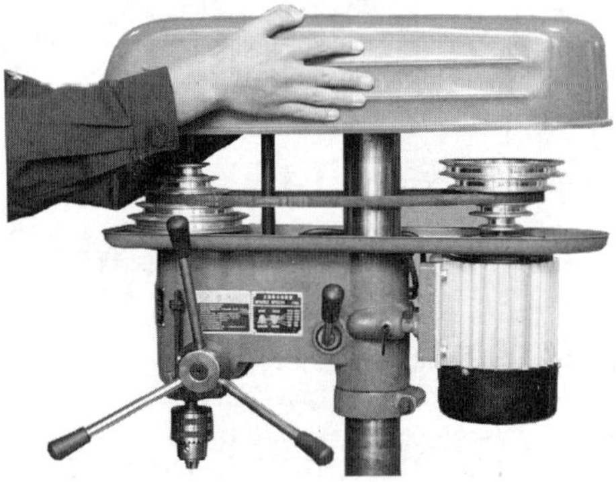
4	松开电动机座两边的紧固手柄	
5	两手向内推动电动机，调小两V带轮的中心距。若导向柱因锈蚀等原因移动不灵活时，可将木块垫在电动机安装座上，用锤子轻轻敲击木块	

2. 调整 V 带的位置

调整 V 带的位置时，通常先调整小 V 带轮上的 V 带，然后再调整大 V 带轮上的 V 带。向上调整 V 带的操作步骤见表 6–2，向下调整 V 带的方法与之相似，不再赘述。

表 6-2　向上调整 V 带的操作步骤

步骤	操作要点	图示说明
1	左手用工具向上撬动从动带轮的 V 带，右手顺时针旋转主动带轮，使从动轮上的 V 带自由滑入上一级轮槽 注意：台钻的 V 带轮一般由铸造铝合金制成，硬度较低。在使用旋具撬动 V 带时，为了防止旋具撬坏带轮，应在旋具上套上塑料软管或缠绕胶带。严禁在未调小中心距前硬撬 V 带，以免损伤 V 带	
2	右手用工具向上撬动主动带轮的 V 带，左手逆时针旋转从动带轮，使主动轮上的 V 带自由滑入上一级轮槽	

3. 张紧 V 带

V 带的位置调整好后需要调节两带轮的中心距使 V 带张紧。台钻经过长时间使用，V 带也会伸长松弛，也需要对 V 带进行张紧，张紧 V 带与安装防护罩的操作步骤见表 6–3。

表 6–3　张紧 V 带与安装防护罩的操作步骤

步骤	操作要点	图示说明
1	松开电动机座两边的紧固手柄	
2	两手用力向外拉电动机，然后拧紧紧固手柄	
3	检查 V 带的张紧程度是否符合要求	

续表

步骤	操作要点	图示说明
4	安装防护罩	
5	安装垫圈	
6	拧紧螺母	

4. 试车

检查无误后接通电源，启动钻床进行试运转。

五、注意事项

1. 在调整 V 带前要确保已经切断电源。

2. 调整 V 带时要选用合适的工具，规范操作，要防止损伤 V 带及带轮。

3. 调整 V 带轮的中心距时，如果用手无法推动电动机，切忌用锤子直接敲击电动机安装座，可垫上木块再敲击。

4. 调整结束后，要将防护罩安装好再接通电源进行试运转。

课后练习

1. 如何拆卸联轴器上的螺母和螺栓？

2. 单级齿轮减速的齿轮轴组件和输出轴组件各由哪些零件组成？拆装实训时应注意哪些事项？

3. 如何拆卸输出轴上的滚动轴承和齿轮？

4. 简述台钻的调速原理。

5. 如何调小 V 带轮的中心距？

6. 如何调整 V 带的位置？